原 康夫・近 桂一郎・丸山瑛一・松下 貢 編集

裳華房フィジックスライブラリー

解 析 力 学

東京都立大学名誉教授
理学博士

久保謙一 著

裳華房

ANALYTICAL DYNAMICS

by

Ken-ichi KUBO, DR. SC.

SHOKABO

TOKYO

〈出版者著作権管理機構 委託出版物〉

編 集 趣 旨

「裳華房フィジックスライブラリー」の刊行に当り，その編集趣旨を説明します．

最近の科学技術の進歩とそれにともなう社会の変化は著しいものがあります．このように新しい知識が急増し，また新しい状況に対応することが必要な時代に求められるのは，個々の細かい知識よりは，知識を実地に応用して問題を発見し解決する能力と，生涯にわたって新しい知識を自分のものとする能力です．このためには，基礎になる，しかも精選された知識，抽象的に物事を考える能力，合わせて数理的な推論の能力が必要です．このときに重要になるのが物理学の学習です．物理学は科学技術の基礎にあって，力，エネルギー，電場，磁場，エントロピーなどの概念を生み出し，日常体験する現象を定性的に，さらには定量的に理解する体系を築いてきました．

たとえば，ヨーヨーの糸の端を持って落下させるとゆっくり落ちて行きます．その理由がわかると，それを糸口にしていろいろなことを理解でき，物理の面白さがわかるようになってきます．

しかし，物理はむずかしいので敬遠したくなる人が多いのも事実です．物理がむずかしいと思われる理由にはいくつかあります．そのひとつは数学です．数学では $48 \div 6 = 8$ ですが，物理の速さの計算では $48 \text{ m} \div 6 \text{ s} = 8 \text{ m/s}$ となります．実用になる数学を身につけるには，物理の学習の中で数学を学ぶのが有効な方法なのです．この"メートル"を"秒"で割るという一見不可能なようなことの理解が，実は，数理的推論能力養成の第 1 歩なのです．

一見，むずかしそうなハードルを越す体験を重ねて理解を深めていくところに物理学の学習の有用さがあり，大学の理工系学部の基礎科目として物理

が最も重要である理由があると思います．

　受験勉強では暗記が有効なように思われ，必ずしもそれを否定できません．ただ暗記したことは忘れやすいことも事実です．大学の勉強でも，解く前に問題の答を見ると，それで多くの事柄がわかったような気持になるかもしれません．しかし，それでは，考えたり理解を深めたりする機会を失います．20世紀を代表する物理学者の1人であるファインマン博士は，「問題を解いて行き詰まった場合には，答をチラッと見て，ヒントを得たらまた自分で考える」という方法を薦めています．皆さんも参考にしてみてください．

　将来の科学技術を支えるであろう学生諸君が，日常体験する自然現象や科学技術の基礎に物理があることを理解し，物理的な考え方の有効性と物理の面白さを体験して興味を深め，さらに物理を応用する能力を養成することを目指して企画したのが本シリーズであります．

　裳華房ではこれまでも，その時代の要求を満たす物理学の教科書・参考書を刊行してきましたが，物理学を深く理解し，平易に興味深く表現する力量を具えた執筆者の方々の協力を得て，ここに新たに，現代にふさわしい基礎的参考書のシリーズを学生諸君に贈ります．

　本シリーズは以下の点を特徴としています．

- 基礎的事項を精選した構成
- ポイントとなる事項の核心をついた解説
- ビジュアルで豊富な図
- 豊富な［例題］，［演習問題］とくわしい［解答］
- 主題にマッチした興味深い話題の"コラム"

　このような特徴を具えたこのシリーズが，理工系学部で最も大切な物理の学習に役立ち，学生諸君のよき友となることを確信いたします．

編　集　委　員　会

まえがき

本書の目的は，解析力学とは何かを初歩から学びながら，
　　解析力学を使って，力学の原理を理解し問題を解く
　　解析力学が，量子力学の入口を開いた筋道を学ぶ
ことにある．この目的に向かって，一本の流れに貫かれて書かれている．流れには，次の4つの山場がある．

　　第1の山は，運動力学を記述する基本要素である，座標（力学変数）の理解である．一般化された座標・運動量が導入され，力学の理論体系への入口をくぐる．

　　第2の山では，解析力学の2大形式；ラグランジュ形式，ハミルトン形式を学ぶ．これを用いて力学の原理と問題を見直し，解き，応用力をつける．解析力学の有効さ，スマートさを実感するであろう．また，空間の認識は，位置的な空間から位相空間へと発展する．

　　第3の山は，正準変換である．この変換論によって，解析力学が力学理論として飛躍的に発展することを知る．一般化された座標・運動量は，ここに至って，まさに"一般的だ"と改めて実感することになる．

　　第4の山が，量子力学への扉をこじ開ける場面である．正準変換の極端な場合に導かれる方程式が，量子力学の基礎方程式につながっていく不思議さに，かつての量子力学の先駆者たちとの共感を覚えるであろう．ここに至って，（古典）力学から量子力学への飛躍の過程で，解析力学が果たした役割が自ずと見えてくる．

以上の内容を著すに当たって，常に念頭においたことがある．読者に「わかった」と言ってもらえる，理解できる本にしたいということである．文言で説明しても難しい事柄は，具体的にはこうだということを，例題と演習問題でわかってもらえるように配慮した．丁寧な解答を付けてあるので，省略せず取り組んで，わかる努力もしてほしい．各章末のコラムは，単なる気分転換ではなく，その章の時代背景や理解の助けとなるように配慮してある．

　このように本書では，解析力学を初歩から学びながら，問題を解く手法に適用する．やがて解析力学は，量子力学を人間の手元へと引きつける道具の役割を果たすことになった．しかし，量子力学は古典力学と連続的に繋がっているものではなく，量子化というジャンプが必要であった．解析力学の理論体系が築き上げられ，頂点に達するところで，量子の現象・量子化の手続きが見えてきて，一挙に量子力学の入り口が開かれた．古典力学から量子力学へのこの流れを，本書で体験して頂きたい．そして，量子力学を学ぶ背景を身に付け，本格的な量子力学の本を読み進む準備をして頂きたい．皆さんの本書読破を念願している．

　真夜中にファックスで質問を送り付けるなどの非礼にも拘わらず，丁寧にお教えを頂いた小林澈郎先生にお礼を述べたい．また，素稿の段階で精読して頂き，的確なご指摘と激励を頂いた原 康夫，丸山瑛一 両先生に感謝したい．最後に，熱心な原稿の催促と無理を通して頂いた，裳華房編集部の真喜屋実孜さん，小野達也さんのご苦労に敬意を表したい．

　　　2001年晩秋

　　　　　　　　　　　　　　　　　　　　　　　　　　　　久 保 謙 一

目次

1. 座標と座標変換

§1.1 デカルト座標 ・・・・・・・1
§1.2 極座標と速度，加速度・・・2
§1.3 3次元の極座標系・・・・・5
§1.4 直交曲線座標・・・・・・・9
§1.5 一般化座標・・・・・・・11
§1.6 一般化運動量と正準共役変数
　　　・・・・・・・・・・・15
§1.7 一般化された力・・・・・17
演習問題・・・・・・・・・・19

2. ラグランジュ方程式と変分原理

§2.1 ラグランジュ方程式・・・21
§2.2 ラグランジュ方程式の適用 24
§2.3 回転座標系とオイラー角・27
§2.4 回転系での運動方程式・・31
§2.5 変分原理とオイラーの方程式
　　　・・・・・・・・・・・36
§2.6 仮想仕事の原理・・・・・41
§2.7 作用積分の変分・・・・・44
§2.8 電磁場のラグランジアン・45
演習問題・・・・・・・・・・48

3. ハミルトンの正準方程式

§3.1 ハミルトニアン・・・・・53
§3.2 ハミルトンの正準方程式・56
§3.3 位相空間と運動の軌跡・・57
§3.4 極座標によるハミルトニアン
　　　・・・・・・・・・・・59
§3.5 ポアッソン括弧と保存量・62
演習問題・・・・・・・・・・65

4. 正準変換

§4.1 位相空間の面積 ･････67
§4.2 リウヴィルの定理 ････70
§4.3 正準変換 ･･････････74
§4.4 正準変換の形式と母関数 ･79
§4.5 正準変換不変量 ････83
§4.6 正準変換の必要十分条件 ･85
演習問題 ･････････87

5. 量子力学への導入

§5.1 ハミルトン‐ヤコビの
　　　偏微分方程式 ････89
§5.2 正準共役変換と前期量子論 93
§5.3 水素原子の前期量子論 ･･96
§5.4 エネルギーの量子化 ･･･101
§5.5 固有エネルギーとエネルギー
　　　素量の関係 ･････103
演習問題 ･････････107

6. 量子力学の基礎方程式

§6.1 古典的波動方程式 ････109
§6.2 シュレーディンガーの
　　　波動方程式 ･･････112
§6.3 シュレーディンガー方程式の
　　　理解 ･･････････114
§6.4 ハミルトン‐ヤコビの偏微分
　　　方程式からの導出 ･･･117
§6.5 時間を含むシュレーディンガ
　　　ー方程式 ･･････120
§6.6 ハイゼンベルクの方程式 ･121
演習問題 ･･････････125

演習問題解答 ･･･････････････128
あとがき ･･･････････････････148
索　引 ･････････････････････149

コ ラ ム

「プリンキピア」から 50 年 ・・・・・・・・・・20
ラグランジュの功績 ・・・・・・・・・・・52
ハミルトンの生涯 ・・・・・・・・・・・・65
力学変数の抽象化，量子論への道 ・・・・・88
ニールス・ボーアの警告 ・・・・・・・・・108
道標のない道 ・・・・・・・・・・・・・・126

1 座標と座標変換

運動の軌跡を記述する座標系として，本章ではデカルト座標系，極座標系の場合について主に学ぶ．この2つは，力学（古典論，相対論，量子論等）の問題を解くに当って，最もよく使われる座標系である．デカルト座標系は初歩的，基本的，直感的である点に特徴がある．大部分の力学現象に現れる力が中心力であるために，極座標系は，運動方程式が動径部分 r と角度部分 (θ, ϕ) に分離できる利点がある．このほかに，より一般的な直交曲線座標系の場合も学ぶ．

解析力学では，特定の座標系の選択にはよらない「一般化座標」が用いられる．さらに，一般化運動量，一般化力が定義されて，古典力学の解析的定式化が進み，量子力学への入口へと発展した．本章の終りでは，これらの定式化の道具ともいうべき一般化された物理量を紹介し，次章以下への準備を行う．

§1.1　デカルト座標

平面運動の記述には，2次元の**デカルト（直交直線）座標**が最もよく用いられる．図1.1に示すようなデカルト座標上の質点Pの運動を考える．時刻 t における質点の位置座標を (x, y) とすると，$\Delta t = t_1 - t$ などを用いて，速度 v の x, y 成分は

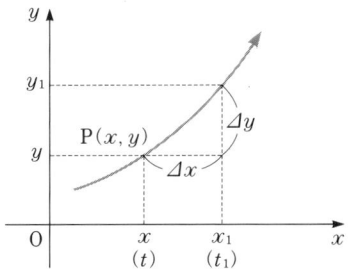

図1.1

$$v_x = \lim_{\Delta t \to 0} \frac{\Delta x}{\Delta t} = \frac{dx}{dt} = \dot{x}, \qquad v_y = \lim_{\Delta t \to 0} \frac{\Delta y}{\Delta t} = \frac{dy}{dt} = \dot{y} \qquad (1.1)$$

と表される．また，加速度は次のように表される．

$$\alpha_x = \lim_{\Delta t \to 0} \frac{\Delta v_x}{\Delta t} = \frac{d^2 x}{dt^2} = \ddot{x}, \qquad \alpha_y = \lim_{\Delta t \to 0} \frac{\Delta v_y}{\Delta t} = \frac{d^2 y}{dt^2} = \ddot{y}$$

$$(1.2)$$

§1.2 極座標と速度，加速度

図 1.2 で，点 $P(x, y)$ の原点 O からの変位（位置ベクトル）を $\boldsymbol{r}$ とする．点 P の座標は，ベクトル $\boldsymbol{r}$ の大きさ r と，$\boldsymbol{r}$ が x 軸の正の向きとなす角度 θ の組 (r, θ) で表すこともできる．これを位置ベクトル $\boldsymbol{r}$ の（2次元）**極座標**または**球座標表示**という．†

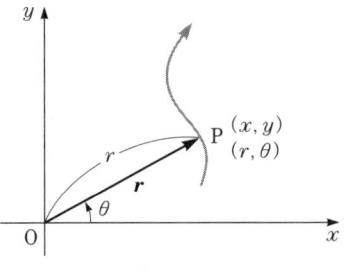

図 1.2

この表し方の変数 (r, θ) とデカルト座標 (x, y) との関係は，次のようになる．

$$x = r \cos \theta, \qquad y = r \sin \theta \qquad (1.3)$$

いま，図 1.3 に示すような任意のベクトル $\boldsymbol{A}$ を考える．$\boldsymbol{A}$ は，たとえば質点 P のもつ速度，加速度，運動量，あるいは質点 P に作用する外力などのベクトルである．原点 O から $\boldsymbol{A}$ の始点 P までのベクトルを $\boldsymbol{r}(r, \theta)$ とし，$\boldsymbol{r}$ の向き（単位ベクトル $\boldsymbol{e}_r$）と，

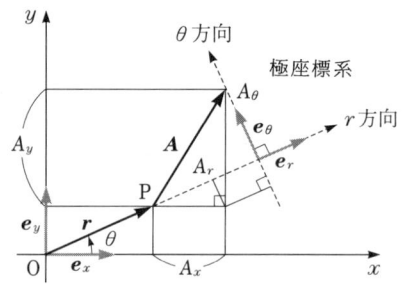

図 1.3

---

† 球座標というよび方は 3 次元のときに適当な呼称である．以下では，2 次元，3 次元とも極座標とよぶことにする．

これに垂直で θ の増す向き (e_θ) に，2つの座標軸をとり，これを**極座標系**とよぶことにする．ここで定義した極座標軸へのベクトル $\boldsymbol{A}$ の射影成分を (A_r, A_θ) とすると，デカルト座標成分 (A_x, A_y) との関係は，図 1.3 から次の関係にあることがわかる．

$$A_r = A_x \cos\theta + A_y \sin\theta, \qquad A_\theta = -A_x \sin\theta + A_y \cos\theta \tag{1.4}$$

あるいは，行列式で表すと

$$\begin{pmatrix} A_r \\ A_\theta \end{pmatrix} = \begin{pmatrix} \cos\theta & \sin\theta \\ -\sin\theta & \cos\theta \end{pmatrix} \begin{pmatrix} A_x \\ A_y \end{pmatrix} \tag{1.5}$$

また逆変換は，逆行列が転置行列となるので

$$\begin{pmatrix} A_x \\ A_y \end{pmatrix} = \begin{pmatrix} \cos\theta & -\sin\theta \\ \sin\theta & \cos\theta \end{pmatrix} \begin{pmatrix} A_r \\ A_\theta \end{pmatrix} \tag{1.6}$$

成分で書くと

$$A_x = A_r \cos\theta - A_\theta \sin\theta, \qquad A_y = A_r \sin\theta + A_\theta \cos\theta \tag{1.7}$$

ベクトル $\boldsymbol{A}$ が位置ベクトル $\boldsymbol{r}$ のときは，$A_r = r$, $A_\theta = 0$ に対応する．

速度 $\boldsymbol{v}$ の極座標における速度成分 (v_r, v_θ) は，次のようにして求めることができる．(1.3) を (1.1) へ代入すると

$$v_x = \dot{r}\cos\theta - r\dot{\theta}\sin\theta, \qquad v_y = \dot{r}\sin\theta + r\dot{\theta}\cos\theta \tag{1.8}$$

これを，一般ベクトル成分の変換式 (1.7) と比べることにより

$$v_r = \dot{r}, \qquad v_\theta = r\dot{\theta} \tag{1.9}$$

$$\boldsymbol{v} = v_r \boldsymbol{e}_r + v_\theta \boldsymbol{e}_\theta \tag{1.10}$$

(1.8) を (1.2) に代入して同様な比較を行うことにより，加速度の極座標成

分は次のように求まる．

$$a_r = \ddot{r} - r\dot{\theta}^2, \qquad a_\theta = 2\dot{r}\dot{\theta} + r\ddot{\theta} \tag{1.11}$$

[**例題 1.1**] （1.11）は，（1.9）を時間微分することによっても求められそうであるが，そうして求めた結果は（1.11）と一致しないのはなぜか．

[解] 図 1.4 からわかるように，デカルト座標系からみると，極座標系の軸の向きは質点の運動とともに一般には時々刻々変化するからである．これは，（1.10）を時間微分すると，単位ベクトル e_r, e_θ の時間微分がゼロにならないためといってもよい．

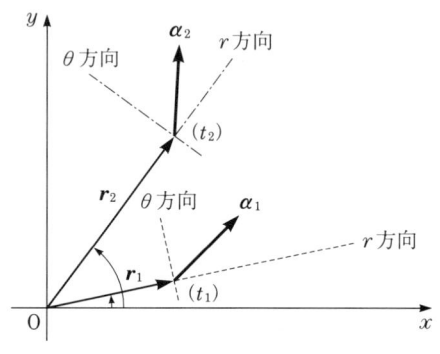

図 1.4

[**例題 1.2**] 質量 m の質点の平面運動を極座標で表す．作用する外力を $\boldsymbol{F}(F_r, F_\theta)$ とするとき

（1） 運動方程式を書け．

（2） 動径成分の運動方程式にはどんな慣性力が含まれているか．

（3） 外力が中心力の場合は角運動量が保存することを示せ．

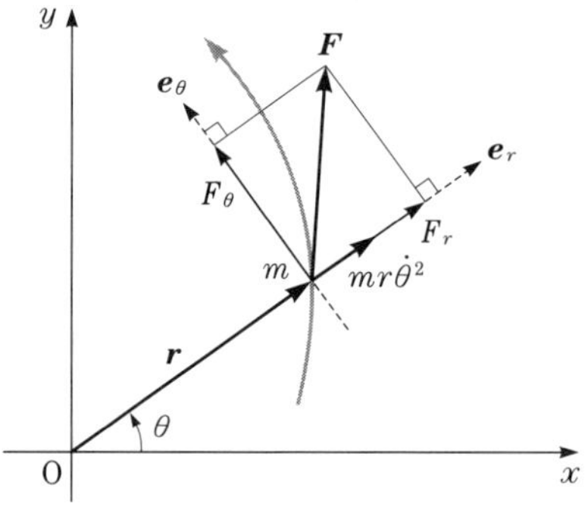

[解]（1） 加速度の極座標表示を用いて，運動方程式は

$$m(\ddot{r} - r\dot{\theta}^2) = F_r, \qquad m(2\dot{r}\dot{\theta} + r\ddot{\theta}) = F_\theta$$

となる．

図 1.5

（2） 上の第 1 式を $m\ddot{r} = F_r + mr\dot{\theta}^2$ と変形すると，右辺第 2 項は加速度の

一部から生じた動径方向外向きの（外力ではない）力で，遠心力とよばれる慣性力が自動的に運動方程式に含まれる．

（3） 第2式で中心力（$F_\theta = 0$）の場合は，$m(2\dot{r}\dot{\theta} + r\ddot{\theta}) = \dfrac{1}{r} \dfrac{d}{dt}(mr^2\dot{\theta}) = 0$．この中間の式の括弧の中は原点の周りの軌道角運動量であり，これが時間によらない（保存する）ことを示している．

§1.3　3次元の極座標系

図1.6には，3次元デカルト座標系に質点Pの位置ベクトル$\overrightarrow{\mathrm{OP}} = \boldsymbol{r}$と，点Pを始点とする一つのベクトル$\boldsymbol{A}$が示されている．点Pの座標は，P($x$, y, z)またはP(r, θ, ϕ)の3変数の1組で表され，θを**天頂角**（$0 \leq \theta \leq \pi$），ϕを**方位角**（$0 \leq \phi \leq 2\pi$，図と逆向きにとる場合は負の符号を付ける）とよぶ．

また図には，Pを原点とする3次元極座標（球座標）系でのベクトル$\boldsymbol{A}$の座標成分（A_r, A_θ, A_ϕ）が示されている．極座標系の3軸は次のように選ぶ．

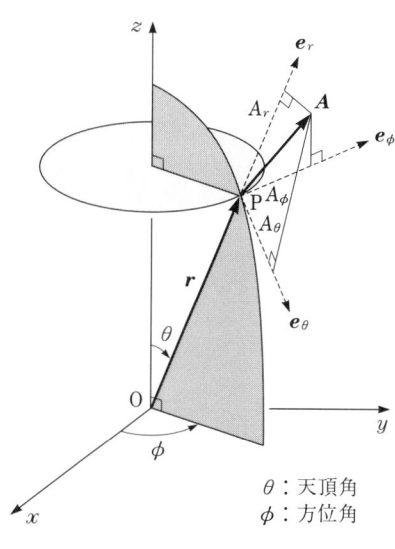

θ：天頂角
ϕ：方位角

図1.6

　　r軸はベクトル$\boldsymbol{r}$の正の向き（単位ベクトル$\boldsymbol{e}_r$）

　　θ軸は，z軸を含み，Oを中心とする半径OP = rの円の点Pにおける接線で，向きはθの増える向き（単位ベクトル$\boldsymbol{e}_\theta$）

　　ϕ軸は，z軸上に中心をもち，点Pを通りxy平面に平行な円の点Pにおける接線で，ϕの増える向き（単位ベクトル$\boldsymbol{e}_\phi$）

このとき，3軸（図1.6の点線）は点Pで互いに直交する．

[**例題1.3**] 重力の下で，水平面をxy面に，鉛直上向きにz軸をとる3次元極座標系を用いて，点Pにある質量mの質点に作用する重力の成分を求めよ．また，これらの成分とポテンシャルエネルギーとの関係を求めよ．

[**解**] 作用する重力を$\boldsymbol{F}$とすると，$F=mg$，向きは鉛直下向き．力の成分は

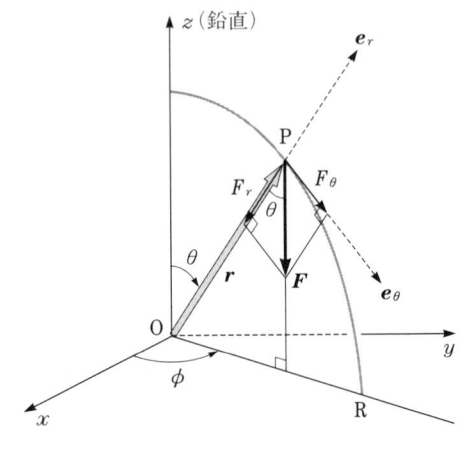

図1.7

$$\boldsymbol{F} = F_r \boldsymbol{e}_r + F_\theta \boldsymbol{e}_\theta$$

$$F_r = -F\cos\theta = -mg\cos\theta, \qquad F_\theta = F\sin\theta = mg\sin\theta$$

となる．

点Pのポテンシャルエネルギーは，xy平面を基準にとると$U_\mathrm{P} = mgr\cos\theta$となり，次の関係が得られる．

$$-\frac{\partial U_\mathrm{P}}{\partial r} = -mg\cos\theta = F_r \tag{a}$$

$$-\frac{\partial U_\mathrm{P}}{\partial \theta} = mgr\sin\theta = rF_\theta \tag{b}$$

(b)の右辺にrがつく（力のモーメントに等しくなる）のは次のことを考えると理解できる．いま質点が図1.7の点PからRまで円弧PRに沿って動くとき，重力が質点になす仕事量（線積分）は

$$W = \int_\theta^{\pi/2} \boldsymbol{F}\cdot(r\,d\theta)\,\boldsymbol{e}_\theta = \int_\theta^{\pi/2} F_\theta\, r\, d\theta = mgr\int_\theta^{\pi/2} \sin\theta\, d\theta = mgr\cos\theta$$

となり，当然 点PにおけるポテンシャルエネルギーU_Pに等しくなる．だから(b)は，「左辺の分母を長さの次元をもつ線素$r\,\delta\theta$としたとき，右辺がF_θになる」と解釈するのが物理的に自然である．また，ここでの極座標のとり方では，

一般には重力が中心力にはならないこと $(F_\theta \ne 0)$ に注意する．

ベクトル $\boldsymbol{A}$ のデカルト座標成分と極座標成分の間の関係は，次のようになる．

$$\begin{pmatrix} A_x \\ A_y \\ A_z \end{pmatrix} = \begin{pmatrix} \sin\theta\cos\phi & \cos\theta\cos\phi & -\sin\phi \\ \sin\theta\sin\phi & \cos\theta\sin\phi & \cos\phi \\ \cos\theta & -\sin\theta & 0 \end{pmatrix} \begin{pmatrix} A_r \\ A_\theta \\ A_\phi \end{pmatrix}$$

(1.12 a)

逆変換の行列は転置行列に等しくなるので

$$\begin{pmatrix} A_r \\ A_\theta \\ A_\phi \end{pmatrix} = \begin{pmatrix} \sin\theta\cos\phi & \sin\theta\sin\phi & \cos\theta \\ \cos\theta\cos\phi & \cos\theta\sin\phi & -\sin\theta \\ -\sin\phi & \cos\phi & 0 \end{pmatrix} \begin{pmatrix} A_x \\ A_y \\ A_z \end{pmatrix}$$

(1.12 b)

ベクトル $\boldsymbol{A}$ が位置ベクトル $\boldsymbol{r}$ の場合は，$\boldsymbol{A}$ の極座標が $(r, 0, 0)$ となるので，(1.12 a) から次の関係が得られる．

$$\begin{pmatrix} x \\ y \\ z \end{pmatrix} = r \begin{pmatrix} \sin\theta\cos\phi \\ \sin\theta\sin\phi \\ \cos\theta \end{pmatrix} \qquad (1.13)$$

位置ベクトル $\boldsymbol{r}$ の微小変位（線素ベクトル）$d\boldsymbol{r}$ のデカルト座標による成分を，(dx, dy, dz) とする．$d\boldsymbol{r}$ の極座標表示による成分は，(1.13) の全微分を求め，(1.12 a) の $\boldsymbol{A}$ を $d\boldsymbol{r}$ と見なして，(1.12 a) の形にまとめることにより，次のようになる（演習問題 [2]）．

$$(d\boldsymbol{r})_r = dr, \quad (d\boldsymbol{r})_\theta = r\,d\theta, \quad (d\boldsymbol{r})_\phi = r\sin\theta\,d\phi$$

(1.14 a)

すなわち

8　1. 座標と座標変換

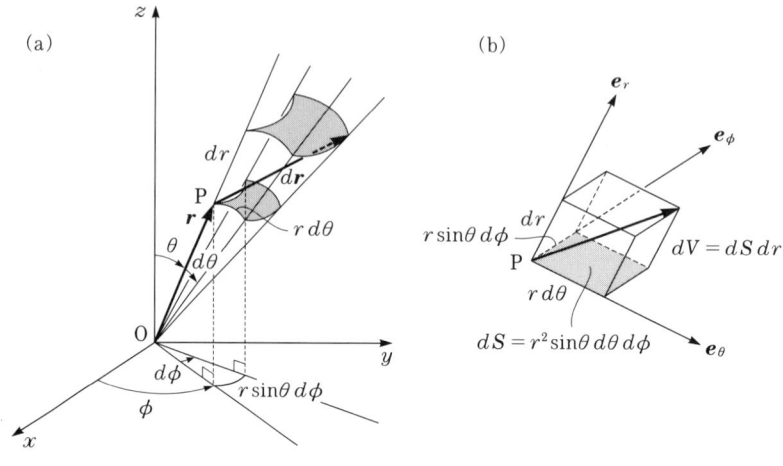

図1.8

$$d\bm{r} = dr\, \bm{e}_r + r\, d\theta\, \bm{e}_\theta + r\sin\theta\, d\phi\, \bm{e}_\phi \tag{1.14b}$$

図1.8にこれらの量が示されている．これより，極座標による半径 r の**球面の面積素**は

$$dS = (d\bm{r})_\theta \cdot (d\bm{r})_\phi = r^2 \sin\theta\, d\theta\, d\phi \tag{1.15}$$

となる．

$$d\Omega = \sin\theta\, d\theta\, d\phi \tag{1.16}$$

は，単位半径 ($r=1$) の球面積素で，**立体角**とよばれる．

体積素は (1.14) を用いて次のようになる．

$$dV = (d\bm{r})_r (d\bm{r})_\theta (d\bm{r})_\phi = r^2 \sin\theta\, dr\, d\theta\, d\phi \tag{1.17}$$

速度 $\bm{v}$，加速度 $\bm{a}$ の3次元極座標表示による成分は，原理的には (1.13) を時間について1階，2階微分し，(1.12b) に代入して (A_r, A_θ, A_ϕ) として求められ，結果は次のようになる (演習問題 [3]，[4])．

$$v_r = \dot{r}, \qquad v_\theta = r\dot{\theta}, \qquad v_\phi = r\dot{\phi}\sin\theta \tag{1.18}$$

$$\left.\begin{array}{l} a_r = \ddot{r} - r\dot{\theta}^2 - r\dot{\phi}^2\sin^2\theta \\ a_\theta = 2\dot{r}\dot{\theta} + r\ddot{\theta} - r\dot{\phi}^2\sin\theta\cos\theta \\ a_\phi = (2\dot{r}\dot{\phi} + r\ddot{\phi})\sin\theta + 2r\dot{\theta}\dot{\phi}\cos\theta \end{array}\right\} \tag{1.19}$$

また，円筒座標表示 (ρ, ϕ, z) による成分は次のようになる（演習問題［5］）．

$$v_\rho = \dot{\rho}, \qquad v_\phi = \rho\dot{\phi}, \qquad v_z = \dot{z} \tag{1.20}$$

$$\left.\begin{array}{l} a_\rho = \ddot{\rho} - \rho\dot{\phi}^2 \\ a_\phi = 2\dot{\rho}\dot{\phi} + \rho\ddot{\phi} \\ a_z = \ddot{z} \end{array}\right\} \tag{1.21}$$

§1.4 直交曲線座標

より一般的な座標の例として，直交曲線座標について述べる．図1.9のようにデカルト座標系における質点Pの位置ベクトル$\overrightarrow{\mathrm{OP}}$を$\boldsymbol{r}$とする．一方，3曲線軸を$q_1, q_2, q_3$とし，各曲線軸の原点における接線は互いに直交するものとする．また，接線の方向の単位ベクトルを，図のように$\boldsymbol{e}_1, \boldsymbol{e}_2, \boldsymbol{e}_3$とする．

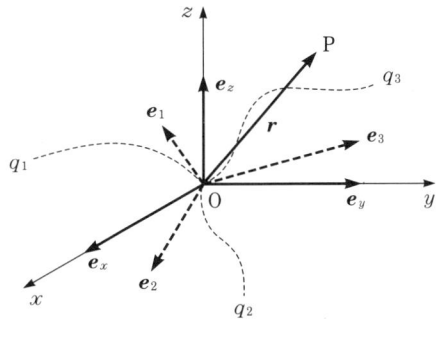

図1.9

ベクトル

$$\boldsymbol{r} = x\boldsymbol{e}_x + y\boldsymbol{e}_y + z\boldsymbol{e}_z = \boldsymbol{r}(q_1, q_2, q_3) \tag{1.22}$$

の q_i による偏微分量を用いて，次の**接ベクトル**とよばれる微係数ベクトルを定義する．

$$\boldsymbol{\delta}_i = \frac{\partial \boldsymbol{r}}{\partial q_i} = \frac{\partial}{\partial q_i}(x\boldsymbol{e}_x + y\boldsymbol{e}_y + z\boldsymbol{e}_z)$$

$$\equiv h_i \boldsymbol{e}_i \quad (i = 1,\, 2,\, 3) \tag{1.23}$$

このとき h_i は

$$h_i{}^2 = \boldsymbol{\delta}_i \cdot \boldsymbol{\delta}_i = \left(\frac{\partial x}{\partial q_i}\right)^2 + \left(\frac{\partial y}{\partial q_i}\right)^2 + \left(\frac{\partial z}{\partial q_i}\right)^2 \tag{1.24}$$

である．

位置ベクトルの微小変位 $d\boldsymbol{r}$ は，接ベクトルを用いて次のように表される．

$$d\boldsymbol{r} = \boldsymbol{\delta}_1\, dq_1 + \boldsymbol{\delta}_2\, dq_2 + \boldsymbol{\delta}_3\, dq_3 \equiv d\boldsymbol{r}_1 + d\boldsymbol{r}_2 + d\boldsymbol{r}_3 \tag{1.25}$$

したがって，直交曲線座標における面積素 dS_{ij}（i, j 軸の含まれる面内）と体積素 dV は，次のように表すことができる．

$$dS_{ij} = |d\boldsymbol{r}_i \times d\boldsymbol{r}_j| = |h_i h_j|\, dq_i\, dq_j \tag{1.26}$$

$$dV = |(d\boldsymbol{r}_1 \times d\boldsymbol{r}_2) \cdot d\boldsymbol{r}_3| = |h_1 h_2 h_3|\, dq_1\, dq_2\, dq_3 \tag{1.27}$$

ここで，次のような行列式を定義する．

$$J = \frac{\partial(x,\, y,\, z)}{\partial(q_1,\, q_2,\, q_3)} = \begin{vmatrix} \partial x/\partial q_1 & \partial y/\partial q_1 & \partial z/\partial q_1 \\ \partial x/\partial q_2 & \partial y/\partial q_2 & \partial z/\partial q_2 \\ \partial x/\partial q_3 & \partial y/\partial q_3 & \partial z/\partial q_3 \end{vmatrix} \tag{1.28}$$

転置行列式 J^T との積を作ると，(1.23) を用いて

$$J^2 = J \cdot J^T = \begin{vmatrix} \boldsymbol{\delta}_1 \cdot \boldsymbol{\delta}_1 & \boldsymbol{\delta}_1 \cdot \boldsymbol{\delta}_2 & \boldsymbol{\delta}_1 \cdot \boldsymbol{\delta}_3 \\ \boldsymbol{\delta}_2 \cdot \boldsymbol{\delta}_1 & \boldsymbol{\delta}_2 \cdot \boldsymbol{\delta}_2 & \boldsymbol{\delta}_2 \cdot \boldsymbol{\delta}_3 \\ \boldsymbol{\delta}_3 \cdot \boldsymbol{\delta}_1 & \boldsymbol{\delta}_3 \cdot \boldsymbol{\delta}_2 & \boldsymbol{\delta}_3 \cdot \boldsymbol{\delta}_3 \end{vmatrix}$$

$$= \begin{vmatrix} h_1{}^2 & 0 & 0 \\ 0 & h_2{}^2 & 0 \\ 0 & 0 & h_3{}^2 \end{vmatrix} = h_1{}^2 h_2{}^2 h_3{}^2 \tag{1.29}$$

となるので，体積素は上に定義した J を用いて次のように表される．

$$dV = |J|\, dq_1\, dq_2\, dq_3 \tag{1.30}$$

(1.28) で定義される J は，**ヤコビ行列式**または**ヤコビアン** (Jacobian) とよばれる．

この結果を，前節で求めた極座標の場合に適用すると，$q_1 = r$, $q_2 = \theta$, $q_3 = \phi$ として，(1.13) を (1.24) に代入することにより

$$h_1 = 1, \qquad h_2 = r, \qquad h_3 = r\sin\theta \tag{1.31}$$

したがって，面積素，体積素は (1.26), (1.27) より次のように求まる．

$$dS_{23} = r^2 \sin\theta\, d\theta\, d\phi \tag{1.32}$$

$$dV = r^2 \sin\theta\, dr\, d\theta\, d\phi \tag{1.33}$$

これは前節で直接求めた (1.15), (1.17) と同じ結果になっている．

§1.5　一般化座標

1 質点の運動は，運動を拘束する条件が何もなければ，一般には 3 次元空間に展開されるので，このことを「運動の自由度が 3 である」という．N 個の質点系は，$3N$ 個の**運動の自由度**をもつことになる．運動体が大きさをもち，剛体や弾性体のように質点と見なされず，回転や表面・体積振動をしながら運動するとなると，運動の自由度は増えることになる．量子系になると，スピンのような「**運動の内部（固有）自由度**」をもつ場合があるので，運動の自由度は 3 より増えることになる．ここでは，そういった自由度はもたない質点の運動を記述する解析的力学の基本を述べることにする．

N 個の質点系の運動を記述するには，$3N$ 個の座標成分が登場することになるが，このとき座標系の選び方（デカルト，極座標，円柱座標など）にはよらない $3N$ 個の座標変数で運動が記述できれば，一般性があり有効性が増すと考えられる．そこで，$3N$ 個の変位座標成分（独立変数）を，次のよう

1. 座標と座標変換

に $\{q_i\}$ で表すことにする．

$$\{q_i\}\,;\ (q_1,\ q_2,\ q_3),\ (q_4,\ q_5,\ q_6),\ \cdots,\ (q_{3N-2},\ q_{3N-1},\ q_{3N}) \quad (1.34)$$

$(q_1,\ q_2,\ q_3)$ が質点 1 の座標の 3 成分を表し，以下，質点 N までの座標成分を表す合計 $3N$ 個の変数を用意する．これを「**一般化（された）座標**」とよぶ．たとえば，1 質点の一般化座標として極座標を選べば，$q_1 = r_1,\ q_2 = \theta_1,\ q_3 = \phi_1$ である．

最も基本的なデカルト座標の場合も，$(x,\ y,\ z)$ に対して

$$\{x_i\}\,;\ (x_1,\ x_2,\ x_3),\ (x_4,\ x_5,\ x_6),\ \cdots,\ (x_{3N-2},\ x_{3N-1},\ x_{3N}) \quad (1.35)$$

と表すことにする．質点 1 に作用する外力の 3 成分 $(F_{1x},\ F_{1y},\ F_{1z})$ も $(F_1,\ F_2,\ F_3)$ というように，$3N$ までの通し番号を用いて表すことにする．また，N 個の質点の質量も，$3N$ までの通し番号の付いた記号 $\{m_i\}$ を用いる．

$$\{m_i\}\,;\ (m_1,\ m_2,\ m_3),\ (m_4,\ m_5,\ m_6),\ \cdots,\ (m_{3N-2},\ m_{3N-1},\ m_{3N}) \quad (1.36)$$

最初の $(m_1,\ m_2,\ m_3)$ はすべて等しく 1 番目の質点の質量，次の 3 個はすべて等しく 2 番目の質点の質量，…という表し方である．

この記述の仕方で，N 個の質点系の全運動エネルギー T をデカルト座標を用いて表すと

$$T = \frac{1}{2}\sum_{i=1}^{3N} m_i v_i^2 = \frac{1}{2}\sum_{i=1}^{3N} m_i \dot{x}_i^2 = \frac{1}{2}\sum_{i=1}^{3N} \frac{1}{m_i} p_i^2 \quad (1.37)$$

p_i は $3N$ まで通し番号の付いた運動量成分で

$$\frac{\partial T}{\partial \dot{x}_j} = m_j \dot{x}_j = p_j \quad (1.38)$$

の関係がある．

運動をデカルト座標で表す場合も一般化座標で表す場合も，$3N$ 個の独立変数が存在し，両者の間には変換関係が成り立つはずで，x_i は $\{q_i\}$ の関数として与えられることになる．

$$x_i = x_i(q_1, q_2, \cdots, q_{3N}) \tag{1.39a}$$

逆の表式は

$$q_i = q_i(x_1, x_2, \cdots, x_{3N}) \tag{1.39b}$$

となる．

質点が斜面上を滑るというような，運動に何らかの**束縛(拘束)条件**が付く場合には，運動の自由度が $3N$ 個より少ない自由度になる．このときは，座標変換 (1.39) の関数に $3N$ 個のすべての変数が現れることにはならない (次の [例題 1.4] 参照)．一般に束縛条件が f 個存在する場合は，一般化座標の独立変数は $3N - f$ 個になる．

[**例題 1.4**] 図 1.10 のように，水平 y 軸上に支点をもつ単振り子の支点 O′ が，静止原点 O から $S = S(t)$ に従って動く．単振り子の先端の質点 m の座標を，静止 O 系ではデカルト座標 (x, y) で，動く O′ 系では極座標 (r, θ) で記述するとき，両者の関係を調べよ．

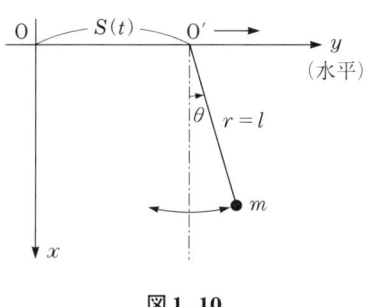

図 1.10

[**解**] $x = r\cos\theta,\ y = r\sin\theta + S(t)$ となるが，r は単振り子の長さ l に固定される．一般化座標 $q_1(=r),\ q_2(=\theta)$ で表すと $x_1 = x(\theta) = x_1(q_2),\ x_2 = y(\theta, t) = x_2(q_2, t)$ のように変数 q_1 が含まれない変数関係の形になる．これは，束縛条件 $r = q_1 = l$ が存在するからで，座標変数の間には束縛条件 $x^2 + \{y - S(t)\}^2 = l^2$ が付き，運動の自由度が一つ少なくなるためである．

上の例題のように，束縛条件が確定した条件式で与えられる場合は，**ホロノミックな束縛条件**とよぶ．斜面の問題において質点が斜面から飛び出すなど，運動が広がったある範囲に限定される場合などは，束縛条件が確定的で

なく，不等式で与えられることがある．この場合は，非ホロノミックな束縛条件の運動とよばれる．

上の [例題 1.4] のように，運動が時間に直接依存する束縛条件の下で行われる場合や，座標系が時間とともに動く運動座標系の場合（次の [例題 1.5]）は

$$x_i = x_i(q_1, q_2, \cdots, q_{3N}, t) \tag{1.40a}$$

$$q_i = q_i(x_1, x_2, \cdots, x_{3N}, t) \tag{1.40b}$$

のように，座標の間の関係は一般には陽に時間 t を含むことになり，$\partial x_i/\partial t$ などがゼロとならないことを注意しておく．

[例題 1.5] 静止系（慣性系）O - xy と原点を共有して回転する回転系 O - $x'y'$ がある．回転角度を $\rho(t)$ とする．質点 P の運動を記述する座標変数を，静止系ではデカルト座標 (x, y)，回転系では極座標 (r, θ) を用いて，(1.39)，(1.40) の関数関係を確かめよ．また，運動エネルギーはどうなるか．

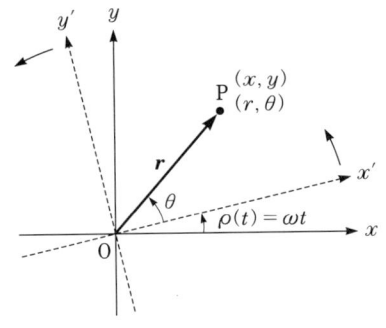

図 1.11

[解] 2 つの座標 (x, y) と (r, θ) の間には次の関係がある．

$$x = r\cos\{\theta + \rho(t)\} = x_1(q_1, q_2, t), \qquad r = \sqrt{x^2 + y^2} = q_1(x_1, x_2)$$

$$y = r\sin\{\theta + \rho(t)\} = x_2(q_1, q_2, t), \qquad \theta = \tan^{-1}\frac{y}{x} - \rho(t) = q_2(x_1, x_2, t)$$

運動エネルギーは

$$T = \frac{1}{2}m(\dot{x}^2 + \dot{y}^2) = T(\dot{x}_1, \dot{x}_2) = \frac{1}{2}m[\dot{r}^2 + r^2\{\dot{\theta} + \dot{\rho}(t)\}^2]$$

$$= T(q_1, \dot{q}_1, \dot{q}_2, t)$$

となり，運動エネルギーを一般化座標で表すと，時間 t にも陽に依存する関数となる．

［例題 1.4］も，$y = y(q_2, t)$ となって束縛条件が時間による ($S(t)$) ので，座標変換が時間に陽に依存する場合になっている．運動エネルギーは

$$T = \frac{1}{2}ml^2\dot{\theta}^2 + ml\dot{\theta}\,\dot{S}(t)\cos\theta + \frac{1}{2}m\,\dot{S}(t)^2 = T(q_2, \dot{q}_2, t)$$

のように，時間に陽に依存する．

§1.6　一般化運動量と正準共役変数

古典力学の基礎方程式であるニュートンの運動方程式は，「位置（変位）ベクトル $\boldsymbol{r}$」の時間に関する2階微分の形式になっている．このことは，方程式の解，すなわち運動の時間的発展を記述する基本的物理量が，方程式を積分して得られる $\boldsymbol{r}$ の1階微分（速度）と $\boldsymbol{r}$（位置）であることを意味する．前者には，質量が時間の関数となる場合も含めると，「運動量 $\boldsymbol{p} = m\dot{\boldsymbol{r}}$」を選ぶのがより一般的である．事実，ニュートンの運動の法則（慣性の法則，加速度と外力の関係，作用反作用の法則）の第2は，「運動量の時間的変化は外力に等しい」というのが正確な表現である．ニュートン以前にも運動の法則はいろいろな形にまとめられたが，運動量の概念をベクトル量として正確に認識し，運動の法則を運動量を用いて正しく定式化したのがニュートンであった．この節では，一般化された座標 $\{q_i\}$ に対する運動量について考える．

デカルト座標の場合，運動量は (1.38) のように運動エネルギーと関係していた．このデカルト座標の場合にならって，一般化座標 $\{q_i\}$ を用いた場合の運動エネルギー T を用いて，次の式で運動量を定義する．

$$p_i = \frac{\partial T}{\partial \dot{q}_i} \tag{1.41}$$

これを，q_i に共役な**一般化（された）運動量**とよび，(q_i, p_i) の組を**正準共役変数**とよぶ．運動に直接時間に依存する拘束条件が付く場合（［例題 1.4］参

照)や，座標系が時間とともに動く運動座標系の場合（[例題 1.5] 参照）には，運動エネルギーが時間に陽に依存するので，(1.41) で定義される一般化運動量も時間に陽に依存する関数となる場合があることを注意しておく．

1 個の質点（質量 m）の運動に一般化座標として極座標を選ぶと，(1.18) を用いて，

$$T = \frac{1}{2}\sum_{i=1}^{3} m_i v_i^2 = \frac{1}{2} m \{\dot{r}^2 + (r\dot{\theta})^2 + (r\dot{\phi}\sin\theta)^2\} \quad (1.42)$$

これより，それぞれの一般化座標に共役な一般化運動量は，(1.41) より

$$p_r = \frac{\partial T}{\partial \dot{r}} = m\dot{r}, \quad p_\theta = \frac{\partial T}{\partial \dot{\theta}} = mr^2\dot{\theta}, \quad p_\phi = \frac{\partial T}{\partial \dot{\phi}} = mr^2\dot{\phi}\sin^2\theta$$

$$(1.43)$$

注意すべきことは，p_r はこれまで力学で慣れ親しんだ動径方向の運動量になっているが，後の 2 つは次元が "運動量" の次元（質量 × 速さ）にはなっていない点である．こういうことも含んで，「一般化運動量」とよぶ物理量を定義したことになる．後の章（第 5, 6 章）で順次わかるように，正準共役変数の組 (q_i, p_i) は，量子論に至ってもますます重要な興味ある性質を示すことになる．

[**例題 1.6**] p_θ, p_ϕ はどんな物理量になっているか．

[**解**] 質量 m の質点の角運動量は (1.18) を用いると

$$\boldsymbol{L} = \boldsymbol{r} \times m\boldsymbol{v}$$
$$= 0\boldsymbol{e}_r + (-rmv_\phi)\boldsymbol{e}_\theta + rmv_\theta \boldsymbol{e}_\phi$$
$$= -mr^2\dot{\phi}\sin\theta\,\boldsymbol{e}_\theta + mr^2\dot{\theta}\,\boldsymbol{e}_\phi$$

$\boldsymbol{L}$ と $\boldsymbol{r}$ は直交するので，$\boldsymbol{L}$ は θ, ϕ 方向軸の作る平面内にある．上式を (1.43) と比較すると，p_θ は角運動

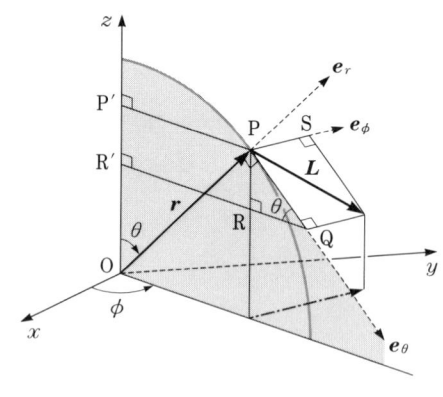

図 1.12

量の ϕ 成分 (図 1.12 の PS) に相当している．また p_ϕ と角運動量の θ 成分 L_θ を比べると

$$p_\phi = -\sin\theta\, L_\theta \qquad (L_\theta = -mr^2\dot\phi\sin\theta,\ 図の PQ)$$

となる．図の $\triangle$PQR は直角三角形で，$\angle$PQR $= \angle$OPR $= \theta$ となるので，p_ϕ は角運動量の z 軸成分 P'R' であることがわかる．ここで，L_θ の右辺にはマイナスの符号がついているのに，L_θ は図の PQ (> 0, e_θ 軸の正の成分) となることに疑問をもつかもしれない．これは，図に示した角運動量 $\boldsymbol{L} = \boldsymbol{r} \times m\boldsymbol{v}$ は，$\boldsymbol{v}$ が紙面から手前に向いている場合で，$\dot\phi < 0$ に対応している場合であることに注意すると，$L_\theta > 0$ となることがわかる．

§1.7　一般化された力

運動に作用をおよぼす外力は重要な物理量であるが，一般化された座標を導入したことで，力の表現にも変化が生じるであろうか．

§1.5 で，各質点のデカルト座標による変位ベクトル成分を $\{x_i\}$，作用する外力の成分を $\{F_i\}$ と表すことにした．このとき，外力 F_i によって i 番目の座標が dx_i だけ変位したとすると，系になされた仕事量は，

$$dW = \sum_{i=1}^{3N} F_i\, dx_i \tag{1.44}$$

微小変位 dx_i を，時間 t を含むより一般的な (1.40 a) の場合を用いて，一般化された座標で表すと，

$$dW = \sum_{j=1}^{3N}\left(\sum_{i=1}^{3N} F_i \frac{\partial x_i}{\partial q_j}\right)\delta q_j + \sum_{i=1}^{3N} F_i \frac{\partial x_i}{\partial t}\,\delta t \tag{1.45}$$

右辺第 1 項の括弧の中を G_j とおくと，

$$G_j = \sum_{i=1}^{3N} F_i \frac{\partial x_i}{\partial q_j} \tag{1.46}$$

G_j は変位 δq_j を引き起こした"力" $\boldsymbol{G}$ の j 成分という意味をもつことになる．$\boldsymbol{G}$ は，**一般化 (された) 力**とよばれる．(1.45) 右辺の第 2 項は，［例題

1.4]や[例題1.5]のように座標系が時間とともに速さ $v_i = \partial x_i/\partial t$ で動くために生じた項で,外力 F_i には関係しない項である.したがって,第1項のみから一般化された力を定義した.

N 個の質点の中の最初の質点に注目すると,一般化座標が極座標の場合は,(x_1, x_2, x_3) に (1.13) を用いて G_j は次のようになる.

$$\left.\begin{aligned} G_1 &= G_r = F_x \sin\theta\cos\phi + F_y \sin\theta\sin\phi + F_z \cos\theta \\ G_2 &= G_\theta = r\left(F_x \cos\theta\cos\phi + F_y \cos\theta\sin\phi - F_z \sin\theta\right) \\ G_3 &= G_\phi = r\sin\theta\left(-F_x \sin\phi + F_y \cos\phi\right) \end{aligned}\right\} \quad (1.47)$$

G_θ, G_ϕ は G_r と違って,「力×長さ=力のモーメント」の次元をもつ量になっていることに注意する.中心力 $\boldsymbol{F}$ $(F_r, F_\theta = 0, F_\phi = 0)$ の場合には,(F_x, F_y, F_z) は (1.12 a) より求まり,上の式に代入して

$$G_r = F_r, \qquad G_\theta = G_\phi = 0 \quad (1.48)$$

となり,一般化された力も中心力であることがわかる.

外力 F が保存力の場合には,次の関係を満たすポテンシャルエネルギー $U(x, y, z)$ が定義できる.

$$F_i = -\frac{\partial U}{\partial x_i} \quad (1.49)$$

ポテンシャルエネルギー U と一般化された力 G の関係は,(1.49) を (1.46) に代入して,

$$G_j = \sum_i \left(-\frac{\partial U}{\partial x_i}\right)\frac{\partial x_i}{\partial q_j} = -\frac{\partial U}{\partial q_j} \quad (1.50)$$

となるので,デカルト座標の場合 (1.49) と同じ形式になることがわかる.

上では最初の質点について述べたが,任意の質点についても上のことが成り立つ.ここで N 個の質点の場合にもどって,(1.49) を与える関数 $U(x_1, x_2, \cdots, x_{3N})$ が存在すれば(したがって $\{F_i\}$ が保存力であれば),(1.39) の

座標の変換が成り立つ場合には，$\{q_i\}$ のみの関数 $U(q_1, q_2, \cdots, q_{3N})$ が存在することになり，(1.50) から $\{G_j\}$ も保存力となることがわかる．

演習問題

[1]　(1.10) に (1.5) を用いて，速度 v を直接時間で微分することにより，加速度の極座標成分 $(a_r,\ a_\theta)$ を求めよ．

[2]　線素 (1.14) を導け．

[3]　速度の極座標成分 (1.18) を導け．

[4]　加速度の極座標成分 (1.19) を導け．

[5]　円筒座標による速度成分 (1.20)，加速度成分 (1.21) を求めよ．

[6]　円筒座標による一般化運動量を求めよ．各成分はどんな物理量か．

[7]　2 次元の一般化された力はどんな物理量か．

 ## 「プリンキピア」から 50 年

アイザック・ニュートン（1643－1727）は著書「プリンキピア」（1687）によって，近代力学の基礎を確立したといわれる．実験に基づき科学理論を論理的に体系づける先駆的役割を果たした．運動の 3 つの基本法則を提示し，デカルト（1596－1650）では不十分な定義であった運動量を，質量と速度の積（したがって向きをもつ量）として正しく認識した．第 2 法則は後年，運動の法則とよばれ，ニュートンの運動方程式を導く淵源となった．

こう書くと，「プリンキピア」は古典力学の総集編で，理路整然と力学の基礎と体系的理解を数学的手法を用いて示した印象を与えるが，実はそうではなかった．質量や慣性力の定義には不徹底さの残る曖昧さがあった．また，コマが倒れないで回り続けることは，第 1 法則（慣性の法則）の例証として挙げられている（正確には角運動量の保存）．第 2 法則にしても，「運動量の時間変化は……」という微分の概念は登場しない．むしろ，「運動量の変化と力積の和の関係」という積分の概念を使って説明がなされている．

「プリンキピア」が著された当時は，「距離/時間 ＝ 速さ」という，異なる物理量の割り算（時間で距離を割る）は忌み嫌う数学の"ゆかしき"伝統が存在していた時代であった．

ライプニッツ（1646－1716）が微分積分学を独自の方法で創始し，18 世紀初頭に完成させた．ベルヌーイ（1700－1782）やオイラー（1708－1783）等が，ニュートン力学の数学的展開に大いに携わり，精査と数学的定式化を行った．質量，慣性，力などが正確に定義され，第 2 法則が運動方程式として表現されるのは，オイラーの「力学，もしくは解析学的に提示された運動の科学」（1736）を待たなければならなかった．「プリンキピア」出版後，およそ 50 年を経てのことであった．

にもかかわらず，ニュートンの「プリンキピア」が近代力学の金字塔として存在し続けたのは，その中に古典力学の核心のすべてが著されていたからである．「ニュートンは，片足を中世に置きながら（空間のあらゆる場所に神の遍在を信じながら），しかも近代科学の最初の理論体系を築き，理性の時代の門戸を開いた」と，物理学史家の広重 徹氏は記している．

2 ラグランジュ方程式と変分原理

　これまで，高校の物理や大学の（初等）力学では，運動を記述する方法としてニュートンの運動方程式に慣れ親しんできた．そこでは，「運動量」と「外力」を基本的物理量として，運動の時間変化の従う方程式を導き，解いてきた．解析力学の本章では，質点系の運動を記述する基本的物理量として，前章で導入した「一般化された座標」と「エネルギー」を用いて，運動の新しい定式化を行う．本章で得られる新しい形式の運動方程式が，時間に関して2階の微分形であることには変りないので，座標のほかに「一般化された運動量」が登場することになる．そして力学的運動の解を求めることは，変分原理とよばれる極値を探す手続きにほかならないことを学ぶ．

§2.1　ラグランジュ方程式

　N 個の質点系の全運動エネルギー T は，デカルト座標を用いると，速度の成分 $\{\dot{x}_i\}$ の関数として与えられる．$\{x_i\}$ と一般化座標 $\{q_i\}$ の間には，変換関係 (1.40) があるので，T は一般に次のような時間 t を陽に含む汎関数となることがわかる．

$$\begin{aligned} T &= T(\dot{x}_1, \dot{x}_2, \cdots, \dot{x}_{3N}) \\ &= T(\dot{x}_1(\{q_i\}, \{\dot{q}_i\}, t), \dot{x}_2(\{q_i\}, \{\dot{q}_i\}, t), \cdots, \dot{x}_{3N}(\{q_i\}, \{\dot{q}_i\}, t)) \end{aligned}$$

(2.1)

このとき，一般化運動量は (1.41) の定義から

$$p_i = \frac{\partial T}{\partial \dot{q}_i} = \sum_{j=1}^{3N} \frac{\partial T}{\partial \dot{x}_j} \frac{\partial \dot{x}_j}{\partial \dot{q}_i} = \sum_{j=1}^{3N} m_j \dot{x}_j \frac{\partial \dot{x}_j}{\partial \dot{q}_i} \tag{2.2}$$

ニュートンの運動方程式は，「運動量の時間変化率が外力に等しい」ことから導かれるので，これにならって (2.2) を時間で微分してみよう．

最左辺； $\displaystyle \dot{p}_i = \frac{d}{dt}\left(\frac{\partial T}{\partial \dot{q}_i}\right)$ (2.3)

最右辺； $\displaystyle \sum_{j=1}^{3N} m_j \ddot{x}_j \frac{\partial \dot{x}_j}{\partial \dot{q}_i} + \sum_{j=1}^{3N} m_j \dot{x}_j \frac{d}{dt}\left(\frac{\partial \dot{x}_j}{\partial \dot{q}_i}\right)$ (2.4)

いま，次の関係

$$\frac{\partial \dot{x}_j}{\partial \dot{q}_i} = \frac{\partial x_j}{\partial q_i}, \qquad \frac{d}{dt}\left(\frac{\partial \dot{x}_j}{\partial \dot{q}_i}\right) = \frac{\partial \dot{x}_j}{\partial q_i} \tag{2.5}$$

があることが示され（演習問題 [1]）．また，(2.4) の第 1 項に，作用する外力を F_j としてニュートンの運動の第 2 法則を用いると

最右辺； $\displaystyle \sum_{j=1}^{3N}\left(F_j \frac{\partial x_j}{\partial q_i} + m_j \dot{x}_j \frac{\partial \dot{x}_j}{\partial q_i}\right)$ (2.6)

この第 1 項には一般化された力 (1.46) を用い，第 2 項には運動エネルギー (1.37) を考慮して，

最右辺； $\displaystyle G_i + \frac{\partial T}{\partial q_i}$ (2.7)

(2.3) と (2.7) を等しいとおくと

$$\frac{d}{dt}\left(\frac{\partial T}{\partial \dot{q}_i}\right) = G_i + \frac{\partial T}{\partial q_i} \tag{2.8 a}$$

ここで G_i とポテンシャルエネルギー U の関係 (1.50) を用い，$T - U = L$ とおくと

$$\frac{d}{dt}\left(\frac{\partial T}{\partial \dot{q}_i}\right) = \frac{\partial L}{\partial q_i} \tag{2.8 b}$$

ポテンシャルエネルギーは位置座標のみの関数であることに注意すると，最終的に次の方程式を得る．†

---

† 電磁気力が作用する場合のポテンシャルエネルギーは，後に示すように速さ $\dot{q}_i$ を含む（§2.8，(2.64 a) 参照）．この場合でも以下の取扱いは変更を受けずに成り立つ．以下では，必要に応じてこのことを補足しながら進めていく．

§2.1 ラグランジュ方程式

$$\frac{d}{dt}\left(\frac{\partial L}{\partial \dot{q}_i}\right) = \frac{\partial L}{\partial q_i} \tag{2.8c}$$

この式に至るには，(2.4) から (2.6) への移行で，運動の第2法則を用いているので，(2.8 c) は運動の法則を表す方程式と見なすことができる．$L = T - U$ は**ラグランジアン** (Lagrangian) とよばれ，(2.8 c) は**ラグランジュの運動方程式**またはラグランジュ方程式とよばれる．

運動エネルギーは，一般には時間に陽に依存するから（[例題 1.4]，[例題 1.5] 参照），ラグランジアンは $\{q_i\}$, $\{\dot{q}_i\}$, t の関数となる．

$$L = T - U = L(q_1, q_2, \cdots, q_{3N}, \dot{q}_1, \dot{q}_2, \cdots, \dot{q}_{3N}, t) \tag{2.9}$$

また，外力に非保存力（たとえば速度に依存する摩擦力など）が含まれる場合には，これを G_i' とすると，(2.8 a) からわかるように，ラグランジュ方程式は次のようになる．

$$\frac{d}{dt}\left(\frac{\partial L}{\partial \dot{q}_i}\right) = \frac{\partial L}{\partial q_i} + G_i' \tag{2.10}$$

ラグランジアン L に含まれるポテンシャルエネルギー U は保存力に由来するものであるから，位置座標のみの関数である．したがって，一般化された運動量の定義 (1.41) は，

$$p_i = \frac{\partial L}{\partial \dot{q}_i} = p_i(\{q_i\}, \{\dot{q}_i\}, t) \tag{2.11}$$

と書くこともできる．むしろ電磁気力が作用する場合も含めて，(2.11) を一般化運動量 p_i の定義と見なしてよいことが，以下に順次理解されるようになる．

ラグランジアン L が一般には時間に陽に依存するので，一般化運動量も時間に陽に依存する．ここで述べたラグランジュ形式の力学では，まず，ラ

24 2. ラグランジュ方程式と変分原理

グランジアン L を設定して方程式を解くという手順で問題を解いていくことになる．そういう意味でも，(2.11) は (1.41) よりも広義の，一般化座標 q_i に正準共役な**一般化運動量** p_i の定義式である．さらに，問題に応じて設定するラグランジアンは，いつも $T-U$ という形をしていることにはならず，むしろ $\{q_i\}, \{\dot{q}_i\}, t$ の関数であるという意味しか要求しないまでに拡張されていくことになる．

循環座標と保存則

ラグランジアン (2.9) が $3N$ 個の中のある一般化座標 q_k を含まない場合，保存力の下での (2.8 c) の右辺はゼロとなる．

$$\frac{d}{dt}\left(\frac{\partial L}{\partial \dot{q}_k}\right) = \dot{p}_k = 0 \tag{2.12}$$

これは一般化運動量 p_k が運動の恒量である（保存する）ことを意味している．このような q_k を**循環座標**とよぶ．なるべく循環座標の数が多くなる一般化座標の選び方をすると，計算が簡単になる．力が中心力の場合，一般化座標に極座標を選ぶと，角度 θ がラグランジアンに含まれないようにできるので，角度の周期性に注目してこのよび名が用いられてきた（次節の [例題 2.3] 参照）．

§2.2　ラグランジュ方程式の適用

前節で導入したラグランジュ方程式 (2.8) を，力学の基本的な問題に適用してみよう．

[**例題 2.1**]　重力の作用する自由落下の運動を，ニュートンの運動方程式とラグランジュ方程式の 2 通りにより解け．

[**解**]　質量 m の質点が高さ h から自由落下する問題は，ニュートン力学の基本的問題である．図 2.1 のように座標系をとるとき，ニュートンの運動

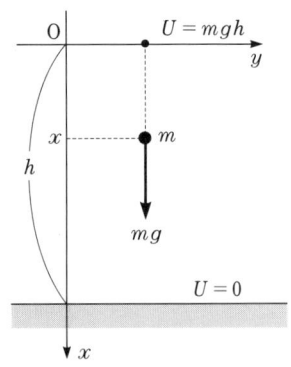

図 2.1

方程式は，外力の大きさが mg であるから，

$$m\ddot{x} = mg, \quad \dot{x} = gt, \quad x = \frac{1}{2}gt^2$$

となる．

ラグランジュ方程式を用いる場合は，まずラグランジアンを設定する．運動エネルギー $T = (1/2)m\dot{x}^2$，ポテンシャルエネルギー $U = mg(h-x)$ より，ラグランジアンは $L = (1/2)m\dot{x}^2 - mg(h-x)$．(2.8c) を用いると

$$\text{左辺};\quad \frac{d}{dt}\left(\frac{\partial L}{\partial \dot{x}}\right) = \frac{d}{dt}(m\dot{x}) = m\ddot{x}, \quad \text{右辺};\quad \frac{\partial L}{\partial x} = mg$$

これより

$$m\ddot{x} = mg, \quad \dot{x} = gt, \quad x = \frac{1}{2}gt^2$$

と求まり，ニュートンの運動方程式を用いた場合と同じ結果になる．

［例題 2.2］ 質点 m を単振動させる復元力係数 k の 1 次元調和振動子の運動を，ラグランジュ方程式を用いて解け．

［解］ 運動のエネルギーは $T = (1/2)m\dot{x}^2$．バネの伸びが x になるまでに復元力 kx に逆らってなされる仕事は

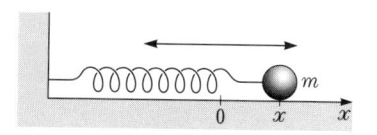

図 2.2

$$U = \int_0^x kx\,dx = \frac{1}{2}kx^2$$

これが調和振動子のもつポテンシャルエネルギーであるから，ラグランジアンは

$$L = \frac{1}{2}m\dot{x}^2 - \frac{1}{2}kx^2$$

ラグランジュの運動方程式は

$$\text{左辺};\quad \frac{d}{dt}\left(\frac{\partial L}{\partial \dot{x}}\right) = \frac{d}{dt}(m\dot{x}) = m\ddot{x}, \quad \text{右辺};\quad \frac{\partial L}{\partial x} = -kx$$

より

$$m\ddot{x} = -kx, \quad \ddot{x} + \omega^2 x = 0 \quad \left(\omega^2 = \frac{k}{m}\right)$$

微分方程式を解いて，$x(t) = ae^{i\omega t} + be^{-i\omega t} = A\sin(\omega t + \alpha)$ となる．

[例題 2.3] 質量 m の質点の平面運動の方程式を極座標を使ってラグランジュ方程式より求めよ．作用する外力 $\bm{F}(F_r, F_\theta)$ のポテンシャルエネルギーを $U(r, \theta)$ とせよ．

[解] 運動エネルギーは (1.9) を用いて
$$T = \frac{1}{2}m(v_r^2 + v_\theta^2)$$
$$= \frac{1}{2}m(\dot{r}^2 + r^2\dot{\theta}^2)$$

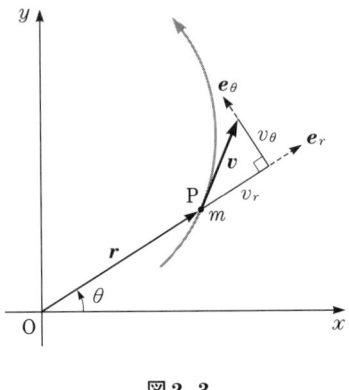

図 2.3

となるので，ラグランジアンは
$$L = \frac{1}{2}m(\dot{r}^2 + r^2\dot{\theta}^2) - U(r, \theta) \tag{a}$$

これより
$$\frac{d}{dt}\left(\frac{\partial L}{\partial \dot{r}}\right) = m\ddot{r}, \quad \frac{\partial L}{\partial r} = mr\dot{\theta}^2 - \frac{\partial U}{\partial r} = mr\dot{\theta}^2 + F_r$$

$$\frac{d}{dt}\left(\frac{\partial L}{\partial \dot{\theta}}\right) = \frac{d}{dt}(mr^2\dot{\theta}) = mr(2\dot{r}\dot{\theta} + r\ddot{\theta}), \quad \frac{\partial L}{\partial \theta} = -\frac{\partial U}{\partial \theta} = rF_\theta$$

最後の式の右辺に r が付くことは，[例題 1.3] の (b) についての説明を参照のこと．(a) より，角度座標 θ に正準共役な運動量は
$$p_\theta = \frac{\partial L}{\partial \dot{\theta}} = mr^2\dot{\theta} = r(mr\dot{\theta})$$
$$= rmv_\theta = |\bm{r} \times mv_\theta \bm{e}_\theta|$$

となり，図 2.3 からわかるように原点 O の周りの角運動量の大きさになっている．

以上より，動径成分の運動方程式は
$$m\ddot{r} = mr\dot{\theta}^2 + F_r$$

右辺第 1 項 $mr\dot{\theta}^2$ は慣性力の一つである遠心力である ([例題 1.2] 参照)．力が中心力の場合は角運動量が保存されるので，これを l とおき，上式に含まれる力をポテンシャルエネルギーの形で表すと，次の形の式に書ける．

$$m\ddot{r} = -\frac{\partial}{\partial r}\left[\,\frac{l^2}{2m}\frac{1}{r^2} + U(r)\right], \qquad l = mr^2\dot{\theta} = 定数$$

右辺の括弧内第 1 項は，遠心力から生じた項で「**遠心力ポテンシャルエネルギー**」とよばれ，角運動量 l の 2 乗に比例した形で表される．

角度成分の運動方程式は

$$\frac{d}{dt}(mr^2\dot{\theta}) = rF_\theta \tag{b}$$

または

$$m(2\dot{r}\dot{\theta} + r\ddot{\theta}) = F_\theta \tag{c}$$

(b) は，「角運動量の時間変化率は作用する力のモーメントに等しい」という回転の運動方程式の表し方である．また (c) は，「質量と加速度の積は外力に等しい」というニュートンの運動の第 2 法則の表現の形になっていて，［例題 1.2］で導いたものと同じ形になっている．

外力が中心力の場合は極座標の角度座標 θ はラグランジアン (a) には含まれなくなるので，θ は循環座標である．このとき (b) は右辺がゼロとなり，左辺の括弧の中（角運動量）が保存される結果を示している．上に示したように角運動量は角度 θ に正準共役な一般化運動量 p_θ に等しいので，中心力の場合の (b) は保存則 (2.12) に対応している．

§2.3 回転座標系とオイラー角

図 2.4 には，原点 O を共有する 2 つのデカルト座標系 S, S′ と，任意のベクトル $\overrightarrow{\mathrm{OP}} = \boldsymbol{r}$ が示されている．たとえば原点 O は地球の重心だとして，S 系は重心の位置に原点をもつ静止座標系（慣性系）としよう．S′ 系は，同じ重心に原点をもち，自転する地球に固定されて回転する系とする．この 2 つの系

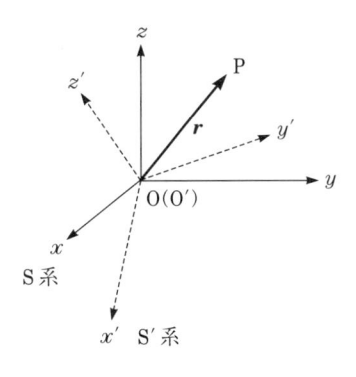

図 2.4

28　2. ラグランジュ方程式と変分原理

からベクトル r を見るときの座標成分 (x, y, z), (x', y', z') の間の関係を調べるのが，この節の目的である．

この関係は，S系をS′系に重ねる方法がわかれば求められそうである．ここでは，オイラーが提案した3回の回転でS系をS′系に（以下では，S系をS_3系に）重ねる手法をまず説明する．

（1）z 軸の周りの回転 R_1

図2.5(a) のように，S系を z 軸の周りに角度 α 回転した系を S_1 とし，ベクトル $r(x, y, z)$ を S_1 系から見る座標を $(x', y', z'=z)$ とする．この2つの座標成分の間の関係は図 (b) から簡単に求まり，

$$x' = x\cos\alpha + y\sin\alpha, \quad y' = y\cos\alpha - x\sin\alpha, \quad z' = z$$

(2.13 a)

これを行列の形で表すと，

$$\begin{pmatrix} x' \\ y' \\ z' \end{pmatrix} = \begin{pmatrix} \cos\alpha & \sin\alpha & 0 \\ -\sin\alpha & \cos\alpha & 0 \\ 0 & 0 & 1 \end{pmatrix} \begin{pmatrix} x \\ y \\ z \end{pmatrix} = R_1(\alpha) \begin{pmatrix} x \\ y \\ z \end{pmatrix}$$

(2.13 b)

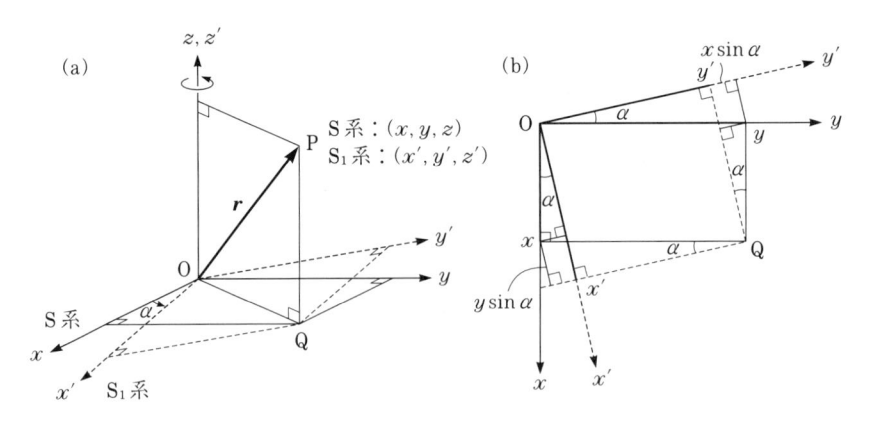

図2.5

となる．

（2） y' 軸の周りの回転 R_2

次に図2.6のように，S_1系を y' 軸の周りに角度 β 回転させた系を S_2 とする．ベクトル $\boldsymbol{r}$ の S_1 系における座標 $(x', y', z' = z)$ と S_2 系における座標 $(x'', y'' = y', z'')$ の間の関係は次のようになる．

$$\begin{pmatrix} x'' \\ y'' \\ z'' \end{pmatrix} = \begin{pmatrix} \cos\beta & 0 & -\sin\beta \\ 0 & 1 & 0 \\ \sin\beta & 0 & \cos\beta \end{pmatrix} \begin{pmatrix} x' \\ y' \\ z' \end{pmatrix} = R_2(\beta) \begin{pmatrix} x' \\ y' \\ z' \end{pmatrix}$$

(2.14)

この関係式は，図 2.5(b) のようにして幾何学的に求められるが，先の回転（1）との対応を比べ，(2.13 a) から導くこともできる．このときは，2つの回転の座標軸間の次の対応を用いる．

$$\left.\begin{array}{c} R_1(\alpha) \Rightarrow R_2(\beta) \\ x \to x' \Rightarrow z' \to z'' \\ y \to y' \Rightarrow x' \to x'' \\ z = z' \Rightarrow y' = y'' \end{array}\right\}$$

(2.15)

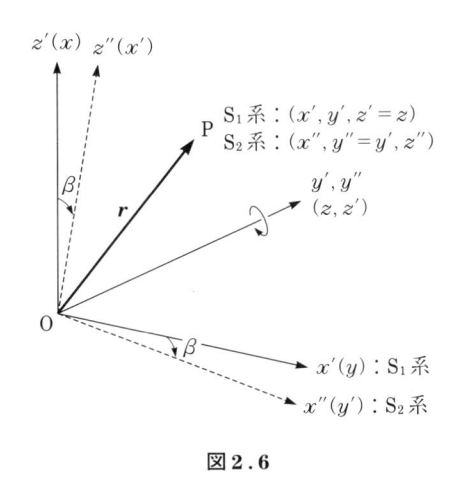

図 2.6

したがって，y' 軸の周りの回転を先の z 軸の周りの回転と見なすと，図 2.6 に示したように (2.13 a) の変換で，たとえば第1式を次のようにおきかえてやればよい．

30   2. ラグランジュ方程式と変分原理

$$\left.\begin{array}{c} x' = x\cos\alpha + y\sin\alpha \\ \downarrow \quad \downarrow \quad \downarrow \quad \downarrow \quad \downarrow \\ z'' = z'\cos\beta + x'\sin\beta \end{array}\right\} \quad (2.16)$$

（3） z'' 軸の周りの回転 R_3

さらに図 2.7 のように，S_2 系を z'' 軸の周りに角度 γ 回転させた系を S_3 とする．ベクトル r の S_2 系における座標 $(x'', y''=y', z'')$ と S_3 系における座標 $(x''', y''', z'''=z'')$ の関係は，回転 R_1 で記号を単に変更することで求まり，次のようになる．

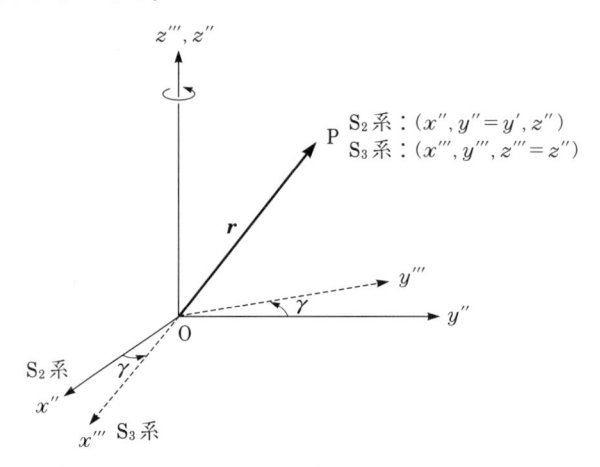

図 2.7

$$\begin{pmatrix} x''' \\ y''' \\ z''' \end{pmatrix} = \begin{pmatrix} \cos\gamma & \sin\gamma & 0 \\ -\sin\gamma & \cos\gamma & 0 \\ 0 & 0 & 1 \end{pmatrix} \begin{pmatrix} x'' \\ y'' \\ z'' \end{pmatrix} = R_3(\gamma) \begin{pmatrix} x'' \\ y'' \\ z'' \end{pmatrix}$$

(2.17)

したがって，以上 3 回の回転によって得られる S_3 系におけるベクトル r の座標 (x''', y''', z''') と，もとの座標 S 系による座標 (x, y, z) の関係は次

のように求められる．

$$\begin{pmatrix} x''' \\ y''' \\ z''' \end{pmatrix} = R_3(\gamma)\,R_2(\beta)\,R_1(\alpha) \begin{pmatrix} x \\ y \\ z \end{pmatrix}$$

$$= \begin{pmatrix} \cos\alpha\cos\beta\cos\gamma - \sin\alpha\sin\gamma & \sin\alpha\cos\beta\cos\gamma + \cos\alpha\sin\gamma & -\sin\beta\cos\gamma \\ -\cos\alpha\cos\beta\sin\gamma - \sin\alpha\cos\gamma & -\sin\alpha\cos\beta\sin\gamma + \cos\alpha\cos\gamma & \sin\beta\sin\gamma \\ \cos\alpha\sin\beta & \sin\alpha\sin\beta & \cos\beta \end{pmatrix} \begin{pmatrix} x \\ y \\ z \end{pmatrix}$$

(2.18)

α, β, γ を**オイラー角**という．

以上，この節で学んだことは，原点を共有する 2 つのデカルト系 O‐xyz (S 系) と O‐$x'''y'''z'''$ (S_3 系) が存在するとき，S 系を S_3 系に重ねる一つの方法である．それは，(1)～(3) の順に，軸の周りの α, β, γ の回転を行うことにより達成されることがわかった．また，このような関係にある S 系と S_3 系から，1 つの変位ベクトル $\boldsymbol{r}$ を記述するときの両座標成分の間の関係式を求めたことになる．これは次節でわかるように，回転系の問題を考える際に有効な関係式である．

§2.4 回転系での運動方程式

地球上を運動する質点には，重力のほかに地球の自転の影響による遠心力やコリオリ力が作用することを，物理学や初等力学で学ぶ．これらは慣性力であり，ニュートンの運動法則から直接これを導き理解するのはやや複雑である．一方，これまでに示したように，ラグランジュ形式の解析力学では，

2. ラグランジュ方程式と変分原理

ラグランジアンさえ設定できれば，それから導かれる運動方程式には，慣性力が存在するならばそれが自動的に含まれることになる．この節では，このことをみてみることにする．

前節で導入した静止系 S の z 軸の周りに，原点 O を共有して一定の角速度 ω で回転する回転系を S_1 とする．図 2.5(a) のように，原点 O からの質点 P（質量 m）の変位ベクトル $\boldsymbol{r}$ の座標成分をそれぞれ (x, y, z)，(x', y', z') とすると，両座標の関係は前節で導いた (2.13 b) で与えられる．回転の角度として α の代りに $\phi(t) = \omega t$ を用いて (2.13 b) の逆変換を行い，(x, y, z) を求めると

$$\begin{pmatrix} x \\ y \\ z \end{pmatrix} = \begin{pmatrix} \cos\phi & -\sin\phi & 0 \\ \sin\phi & \cos\phi & 0 \\ 0 & 0 & 1 \end{pmatrix} \begin{pmatrix} x' \\ y' \\ z' \end{pmatrix} \tag{2.19}$$

となる．

まず，ラグランジアン L のうち，質点の運動エネルギー T を求める．静止系での速さは，上の式を時間で微分して

$$\begin{pmatrix} \dot{x} \\ \dot{y} \\ \dot{z} \end{pmatrix} = \begin{pmatrix} \cos\phi & -\sin\phi & 0 \\ \sin\phi & \cos\phi & 0 \\ 0 & 0 & 1 \end{pmatrix} \begin{pmatrix} \dot{x}' \\ \dot{y}' \\ \dot{z}' \end{pmatrix} + \omega \begin{pmatrix} -\sin\phi & -\cos\phi & 0 \\ \cos\phi & -\sin\phi & 0 \\ 0 & 0 & 0 \end{pmatrix} \begin{pmatrix} x' \\ y' \\ z' \end{pmatrix} \tag{2.20}$$

これより運動エネルギーは

$$\begin{aligned} T &= \frac{1}{2} m (\dot{x}^2 + \dot{y}^2 + \dot{z}^2) \\ &= \frac{1}{2} m (\dot{x}'^2 + \dot{y}'^2 + \dot{z}'^2) + m\omega (x'\dot{y}' - y'\dot{x}') + \frac{1}{2} m\omega^2 (x'^2 + y'^2) \end{aligned} \tag{2.21}$$

ポテンシャルエネルギー U は $U(x, y, z) = U(x', y', z')$ と考えてよいので，ラグランジアン L は

$$L = T(x', y', z', \dot{x}', \dot{y}', \dot{z}') - U(x', y', z') \tag{2.22}$$

の関数形をしている．

［**例題 2.4**］ ［例題 1.5］で見たように，回転系の運動エネルギー T は時間 t に陽に依存した．ここではそうならないのはなぜか．

［**解**］ 回転角度が時間の 1 次式 $\phi(t) = \omega t$ であること，および (2.20) に含まれる三角関数が T の式には残らなくなるためである．

(2.22) のラグランジアンはすべて回転する座標系の座標変数で表されているので，回転系でのラグランジュ方程式を作ることができ，次のように得られる．

$$\left. \begin{array}{l} m\ddot{x}' = 2m\omega \dot{y}' + m\omega^2 x' - \dfrac{\partial U}{\partial x'} \\[6pt] m\ddot{y}' = -2m\omega \dot{x}' + m\omega^2 y' - \dfrac{\partial U}{\partial y'} \\[6pt] m\ddot{z}' = -\dfrac{\partial U}{\partial z'} \end{array} \right\} \tag{2.23}$$

回転系 S_1 の 3 軸の単位ベクトルを $(\boldsymbol{i}', \boldsymbol{j}', \boldsymbol{k}')$ とし，上の 3 つの式の両辺にそれぞれ乗じ，辺々加えると

$$\begin{aligned} 左辺 &= m\frac{d^2}{dt^2}(\boldsymbol{i}'x' + \boldsymbol{j}'y' + \boldsymbol{k}'z') \\ &= m\frac{d^2 \boldsymbol{r}'}{dt^2} \end{aligned} \tag{2.24}$$

となり，回転系での加速度に質量を掛けた物理量となっている．回転系での方程式なので，$\boldsymbol{i}'$ などの時間変化はないとした点に注意する．

(2.23) の上 2 つの式の右辺第 1 項の和は，$\boldsymbol{i}' = \boldsymbol{j}' \times \boldsymbol{k}'$ 等を用い，$\boldsymbol{\omega} = \omega \boldsymbol{k}'$ と角速度ベクトルを定義すると，次のように書き表される．

$$\boldsymbol{F}_{\mathrm{cor}} = 2m\dot{\boldsymbol{r}}' \times \boldsymbol{\omega} \tag{2.25}$$

これは**コリオリ力** (Coriolis' force) とよばれる，回転している系の中で運動

する質点に作用する慣性力である（図 2.8）．同様な計算により，(2.23) の上 2 つの式の右辺第 2 項の和は

$$F_{\text{cent}} = -m\boldsymbol{\omega} \times (\boldsymbol{\omega} \times \boldsymbol{r}')$$

(2.26)

となり，これは系が回転しているために生じる**遠心力**（大きさは $mr'\omega^2 \sin\theta$，θ は z 軸と $\boldsymbol{r}'$ とのなす角度）で，これも慣性力の一つである（図 2.9）．

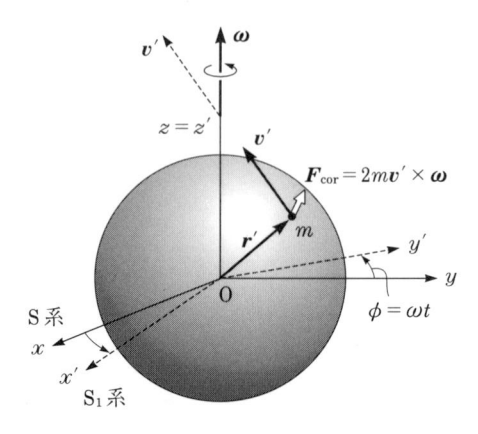

図 2.8

最後の項の和は

$$F_{\text{ext}} = \boldsymbol{i}'\left(-\frac{\partial U}{\partial x'}\right) + \boldsymbol{j}'\left(-\frac{\partial U}{\partial y'}\right) + \boldsymbol{k}'\left(-\frac{\partial U}{\partial z'}\right) \quad (2.27)$$

すなわち，質点が重力などのポテンシャル U の中を運動[†]しているときに受

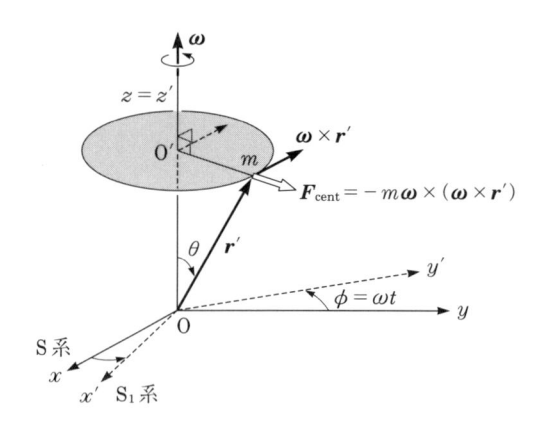

図 2.9

[†] 力の作用を受けた運動を，力が作り出すポテンシャルエネルギー空間内の運動と見なして，このような表現をする．以下本書でも，U を単にポテンシャルと簡略化した表現を用いる場合がある．

ける外力である．

したがって，(2.23) をベクトルで書くと，

$$m\frac{d^2\bm{r}'}{dt^2} = \bm{F}_{\text{ext}} + \bm{F}_{\text{cent}} + \bm{F}_{\text{cor}} \tag{2.28}$$

となり，外力と2つの慣性力を含んで，回転系における質点の運動方程式が自動的に得られたことになる．

[例題 2.5] 地球の南極から北極へ経線に沿って動くとき，南半球，赤道上，北半球におけるコリオリ力はどの方角を向くか（図2.8 参照）．

[解] 南半球では西向き，赤道上では力は作用しない，北半球では東向きとなる．

[例題 2.6] 地球の自転によって生じる遠心力の向きを図に示せ．また，遠心力は慣性力として外力と区別されるのはなぜか．

[解] 遠心力の向きは図2.9 に示されている．(2.23) を導くには，S系（静止系）で記述する運動のラグランジアンを $L = T(\dot{x}, \dot{y}, \dot{z}) - U(x, y, z)$ とし，運動はポテンシャルエネルギー $U(x, y, z)$ から生じる外力（万有引力）のみの作用の下で行われ，運動方程式は

$$m\ddot{q}_i = -\frac{\partial U}{\partial q_i} \quad (q_i = x, y, z)$$

となるとした．すなわち，S系をニュートンの第2法則が成り立つ系（**慣性系**）としたことになる．上の運動方程式と S_1 系の運動方程式 (2.23) の形を比べると，後者の x', y' 成分の式に，外力以外に回転のために生じる項が力の次元をもって現れ，コリオリ力と遠心力にまとめられた．このように，慣性系の場合と違って余分の力が生じる場合の座標系は**非慣性系**とよばれ，生じた力は**慣性力**とよばれる．質点 P（質量 m）は，O′ を中心とする円の接線の向きに飛んで行こうとする性質があり，これを**慣性**という．図2.9 からわかるように，遠心力は円の中心 O′ から見ると，質点を半径方向外側へ引っ張る力になっており，**慣性の結果現れる力**であることがわかる．これは S_1 系が S系に対して回転しているために生じた力で，このような力（相互作用）を生じさせる物体が存在するわけではない．そのために，慣

性力は**見かけの力**ともよばれる．

§2.5　変分原理とオイラーの方程式

　物理現象では，光の行路での最短距離，石鹸の薄膜での最小面積，質点の運動でのエネルギー最小状態など，原理や運動の法則に従って実現される物理量が，極値をとる場合が多い．この節では，このような極値をとる物理量の満たすべき方程式について学ぶ．

　§1.6で述べたように，運動方程式の解は速さ $\dot{x}$（一般には運動量）と座標変数 x である．したがって，運動に関係する物理量，たとえばエネルギー (T, U) とか仕事量 W などは，$\dot{x}$, x の関数として与えられることになる．物理量を F と書くと，F は一般には時間にも陽に依存し，1質点の1次元運動を考えると，$F = F(x, \dot{x}, t)$ の関数形となる．

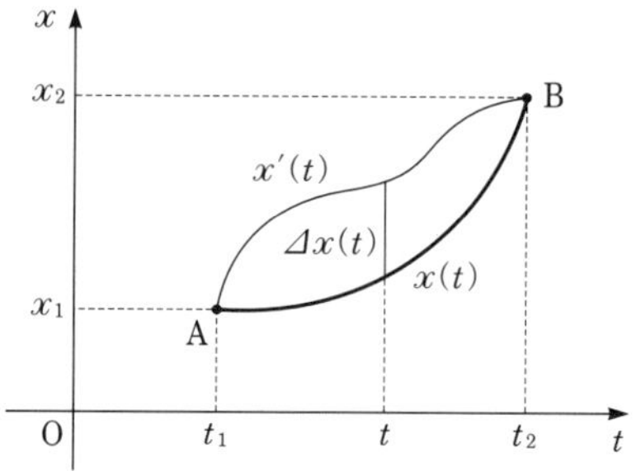

　運動の法則に従って実現される運動の経路を $x(t)$ とするとき，時刻 t_1 から t_2 までの運動の時間発展にともなう $x(t)$ の変化が，図2.10に太い実線で示されている．同じ固定点A, Bを通り，上の経路から微小量 $\varDelta x(t)$ ずれた経路 $x'(t)$（細い実線）を考える．

図 2.10

$$x'(t) = x(t) + \varDelta x(t), \qquad \varDelta x(t_1) = \varDelta x(t_2) = 0 \qquad (2.29)$$

これら2つの経路に関して，次のような物理量 F の時間積分を定義する．

$$I[x] = \int_{t_1}^{t_2} F(x, \dot{x}, t)\, dt \qquad (2.30\,\text{a})$$

$$I'[x'] = \int_{t_1}^{t_2} F(x', \dot{x}', t)\, dt \qquad (2.30\,\text{b})$$

ここで $I[x]$ としたのは，右辺の F では，x が決まれば $\dot{x}$ も決まり F も決まって I も決まるという関数関係になっていることを示すためで，このよう

§2.5 変分原理とオイラーの方程式

な $I[x]$ は x の**汎関数**とよばれる.「この $I[x]$ が極値をとるとした場合に導びかれる関数 $F(x, \dot{x}, t)$ の従う方程式は,運動法則を満たす方程式である」ということを以下に示す.

微小量異なる x, x' に対して定義した上の2つの積分の差 (**変分**という) $\delta I = I' - I$ は,$\Delta x/x$ の2次の項以上は小さいとして無視すると,次のようになる.

$$\delta I = \delta \int_{t_1}^{t_2} F(x, \dot{x}, t)\, dt$$
$$\equiv \int_{t_1}^{t_2} \{F(x + \Delta x, \dot{x} + \Delta \dot{x}, t) - F(x, \dot{x}, t)\}\, dt$$
$$= \int_{t_1}^{t_2} \left(\frac{\partial F}{\partial x} \Delta x + \frac{\partial F}{\partial \dot{x}} \Delta \dot{x} \right) dt \tag{2.31}$$

最後の被積分関数の第2項は,

$$\frac{\partial F}{\partial \dot{x}} \frac{d}{dt} \Delta x = \frac{d}{dt}\left(\frac{\partial F}{\partial \dot{x}} \Delta x \right) - \Delta x \frac{d}{dt}\left(\frac{\partial F}{\partial \dot{x}} \right) \tag{2.32}$$

となること,および (2.29) の条件を用いると,変分 δI は次のようになる.

$$\delta I = \int_{t_1}^{t_2} \left\{ \frac{\partial F}{\partial x} - \frac{d}{dt}\left(\frac{\partial F}{\partial \dot{x}} \right) \right\} \Delta x\, dt \tag{2.33}$$

ここで,$I[x]$ が極値をとる場合を考える.極値となる x の点での $I[x]$ の微係数はゼロになるので,

$$\delta I = \delta \int_{t_1}^{t_2} F(x, \dot{x}, t)\, dt = 0 \tag{2.34}$$

となる.これが常に成り立つのは,(2.33) の Δx の係数がゼロとなる場合で

$$\frac{d}{dt}\left(\frac{\partial F}{\partial \dot{x}} \right) = \frac{\partial F}{\partial x} \tag{2.35}$$

を満たすような $F(x, \dot{x}, t)$ の場合である.

F がラグランジアン $L = T - U = L(x, \dot{x}, t)$ の場合には,(2.35) はラグランジュ方程式 (2.8) に一致することがわかる.ということは

$$I[x] = \int_{t_1}^{t_2} L(x, \dot{x}, t)\, dt \tag{2.36}$$

すなわち，F がラグランジアンのときも

$$\delta I = \delta \int_{t_1}^{t_2} L(x, \dot{x}, t)\, dt = 0 \tag{2.37}$$

が成り立つことが推測される．これは直接，以下の 2 つの節で示すことにする．

以上，ここまでにわかったことは，物理量 $F(x, \dot{x}, t)$ の作る時間積分 $I[x]$ に，極値をとる条件を課すと，物理的に意味のある（法則を満たす）解 $(x(t), \dot{x}(t))$ を与える方程式が得られる（可能性がある），ということである．極値の条件 (2.34) を**変分原理**，(2.35) を**オイラーの（微分）方程式**とよぶ．

(2.36) は**作用積分**または単に**作用**とよばれ，(2.35) がラグランジュ方程式に一致するようになることから，ラグランジュ方程式 (2.8 c) のことを**オイラー - ラグランジュ方程式**とよぶ場合がある．作用積分 $I[x]$ は，エネルギー × 時間の次元をもつことがわかる．後に量子力学への章（第 5 章）で，同じ次元をもつ重要な物理量が登場する．

最小作用の原理

(2.37) は**ハミルトンの変分原理**または**最小作用の原理**とよばれる．その意味するところは，「作用積分 $I = I[x]$ が停留点（極値，変曲点，鞍点）となる力学変数の組 $(x, \dot{x})$ に沿って運動が実現される」というものである．図 2.11 には停留点が示されている．

(2.37) からは，実現される運動は作用積分が "極小値" をとる経路である，とはいえないし，まして "最小値" に限られるとはいえない．小さな揺動（物理変数の小さな変化，ゆらぎ）で経路が大きく変化してしまうような不安定な運動の場合は，作用積分の極大値に対応する運動である．安定した運動（物理変数の変化に対してゆっくりした反応を示す運動）の場合は，極

§2.5 変分原理とオイラーの方程式　39

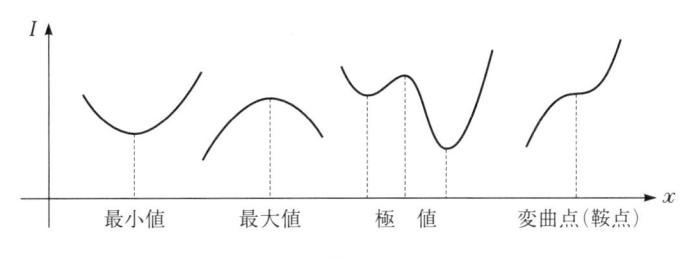

図 2.11

小値に沿った運動になっていることは，図 2.11 からもいえそうである．

物理量 F をラグランジアン L に限らないオイラーの方程式 (2.35) は，光の進行する経路（最短距離）や最低エネルギー状態など，法則に従って実現される物理現象の問題を解くのに用いられてきた．このようなことも反映して，(2.37) を「最小作用の原理」とよんできた．

[**例題 2.7**]　光は，進行に要する時間が極値となる経路を進むとして，次の屈折率をもつ媒質中の光の経路を求めよ．

(1) 屈折率が一定 $n = n_0$ の媒質中

(2) 屈折率が x 軸，z 軸の方向には一定 $n(x, z) = n_0$，y 軸方向には y に反比例 $n(y) = n_0/y$

[**解**]　真空中の光速を c とすると，媒質中の速さは $c'(x, y, z) = c/n(x, y, z)$．$dl$ を進むのに要する時間は $dt = dl/c'$ より

$$t = \int dt = \frac{1}{c} \int n(x, y, z)\, dl$$

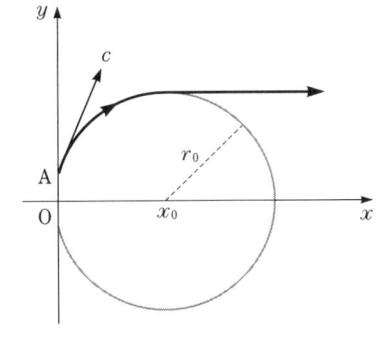

図 2.12

この t を (2.30) の I と見なして，t の極値を求める．$z = $ 一定 の xy 平面内を光が進む場合を考えると，

$$dl = \sqrt{(dx)^2 + (dy)^2} = \sqrt{1 + \left(\frac{dy}{dx}\right)^2}\, dx = \sqrt{1 + y'^2}\, dx$$

より

$$t = \frac{1}{c} \int_{x_1}^{x_2} n(x,\, y) \sqrt{1 + y'^2}\, dx$$

したがって，$F(y,\, y',\, x) = (1/c)\, n(x,\, y)\sqrt{1 + y'^2}$ がオイラーの方程式 (2.35) を満たす条件から光の経路 $(x,\, y)$ を求めることになる．なお，(2.35) の $F(x,\, \dot{x},\, t)$ → $F(y,\, y',\, x)$ の対応と独立変数に注意する．

（1）$n = n_0$ の場合

$$\frac{d}{dx}\left(\frac{y'}{\sqrt{1 + y'^2}}\right) = 0, \qquad \frac{dy}{dx} = a (= \text{一定}), \qquad y = ax + b$$

したがって，経路は直線．

（2）$n(x,\, z) = n_0$，$n(y) = n_0/y$ の場合

$$F(y,\, y') = \frac{n_0}{c} \frac{1}{y} \sqrt{1 + y'^2}$$

となる．オイラーの方程式

$$\frac{d}{dx}\left(\frac{\partial F}{\partial y'}\right) - \frac{\partial F}{\partial y} = 0$$

の両辺に y' を掛けて

$$y' \frac{d}{dx}\left(\frac{\partial F}{\partial y'}\right) - y' \frac{\partial F}{\partial y} = \frac{d}{dx}\left(y' \frac{\partial F}{\partial y'} - F\right) = 0$$

を得る．ここで $dF/dx = (\partial F/\partial y) dy/dx + (\partial F/\partial y') dy'/dx$ を用いた．したがって

$$y' \frac{\partial F}{\partial y'} - F = \text{一定 (x によらない)} = \frac{n_0}{c} \frac{1}{r_0}$$

とおくと

$$y' = \frac{dy}{dx} = \pm \frac{\sqrt{r_0^2 - y^2}}{y}, \qquad dx = \pm \frac{1}{2} \frac{1}{\sqrt{r_0^2 - y^2}}\, dy^2$$

最後の式を両辺積分して，$(x - x_0)^2 + y^2 = r_0^2$ を得る．x_0 は（初期条件で決まる）積分定数である．経路は一般には円弧になるが，図 2.12 のように点 A から投

光された速さ c の光は，接線が x 軸と平行になった点から接線の向きに進む．

§2.6　仮想仕事の原理

この節では，力学の理論体系が解析的手法も含めて確立していく中で明らかにされてきたダランベールの原理，仮想仕事の原理を理解し，前節で述べた作用積分の示す変分原理を導くことにする．

N 個の質点系の j 番目の質点に作用するすべての力を $\boldsymbol{F}_j$ とする．$\boldsymbol{F}_j = 0$ の場合は，この質点は静止，あるいは等速度運動を続ける．このような力学的状態は"静力学的"とよばれ，最も簡単な運動状態である．質点系の各質点が静力学的運動状態にあれば

$$\boldsymbol{F}_j = 0 \quad (j = 1, 2, 3, \cdots, N) \tag{2.38}$$

が成り立っている．

$\boldsymbol{F}_j = 0$ でない場合は，質点の変位ベクトルを $\boldsymbol{r}_j$ とすると，運動方程式

$$\boldsymbol{F}_j = m_j \ddot{\boldsymbol{r}}_j \tag{2.39}$$

に従った運動が行われ，系は"動力学的"状態にあるといい，質点は $\boldsymbol{r}_j$ の時間発展とともに動的な状態にある．このとき (2.39) を

$$\boldsymbol{F}_j + (-m_j \ddot{\boldsymbol{r}}_j) = 0 \tag{2.40}$$

と変形し，$-m_j \ddot{\boldsymbol{r}}_j$ を質点に作用する一つの力（慣性力）と考えると，動的な力学状態を，静力学的状態と見なすことができる．このように，「動的力学状態は，作用するすべての力と慣性力とがつり合った状態であると見なすと，静力学系と考えることができる」ということを**ダランベールの原理**とよぶ．

なぜ慣性力という表現が現れるのかを含めて，自由落下の場合を例にとり説明しよう．図 2.13 のような空間（箱）の中にある質点 m_j が，$\boldsymbol{F}_j =$ 重力のもとで箱とともに自由落下する．この空間外から見ると，質点は運動方程式 (2.39) に従って一般には落下運動を行う動的状態にある．この空間に一人の観測者を入れて箱とともに自由落下させると，観測者には m_j は静止し

て観測される．これを理解するには，観測者は「$F_j=$ 重力 と向きが反対で同じ大きさの力 $-m_j\ddot{r}_j$ が m_j に作用して，力がつり合った状態にある」，と考えればよい．このような見かけ上存在する力のことを**慣性力**と定義した．こうして，動的力学状態は，慣性力とのつり合いという見方をすれば，静的力学系と見なすことができる．

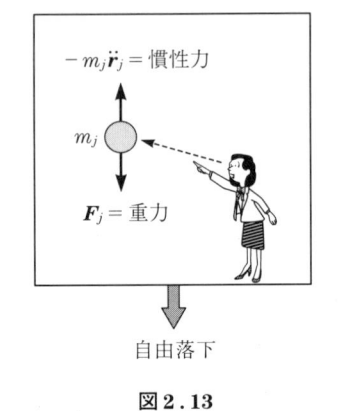

質点系のすべての質点に対してダランベールの原理を示すと，次のようになる．

$$F_j + (-m_j\ddot{r}_j) = 0 \qquad (j=1,2,3,\cdots,N) \tag{2.41}$$

次に，力が $F_j = -\nabla_j V_j$ で与えられる場合，質点がある変位 r_{j0} の周りに静力学的状態にある条件は，$\delta V_j = V_j(r_j - r_{j0}) - V_j(r_{j0}) = 0$ であるといってよい．この条件は質点系 $j=1,2,\cdots,N$ に拡張して，$r_j - r_{j0} = \delta r_j$ の範囲で $\delta V_j = 0$ と見なしてよい微小変位 δr_j（これを**仮想変位**とよぶ）に対して，力のなす仕事量が

$$\delta W_v = \sum_{j=1}^{N} F_j \cdot \delta r_j = 0 \tag{2.42}$$

であるともいえる．拘束力が作用するときは，多くの場合 拘束力は δr_j に直交し（次の［例題2.8］参照），このような拘束力の場合には (2.42) が成り立つ．

動力学の場合でも，ダランベールの原理 (2.41) により静力学と見なすことができ，仮想変位に対してなされる仕事は

$$\delta W_v = \sum_{j=1}^{N} [F_j + (-m_j\ddot{r}_j)] \cdot \delta r_j = 0 \tag{2.43}$$

となる．これらの関係を**仮想仕事の原理**という．これも含めて**ダランベール**

の原理という場合もある．この関係式は，力のつり合いのための必要十分条件になっていることを示すことができる．

[**例題 2.8**] 単振り子の運動方程式を仮想仕事の原理により求めよ．

[**解**] 図 2.14 のような単振り子について，作用する外力は重力 mg と張力（拘束力）であるが，張力は変位を生じない（$r = l = $ 一定）ので考えなくてよい．(2.43) の関係を用いる．

（1） 極座標の場合

質点に作用する θ 方向の外力は重力から F_θ $= -mg\sin\theta$（マイナス符号は θ の負の向きになるため）．慣性力は加速度の θ 方向成分 (1.11) から $r = l$, $\dot{r} = 0$ に注意して $-ma_\theta = -ml\ddot{\theta}$．$\theta$ 方向の仮想変位は (1.14) から $(\delta r)_\theta = l\,\delta\theta$．これらを仮想仕事の原理 (2.43) に用いると

$$\{-mg\sin\theta + (-ml\ddot{\theta})\}\, l\, d\theta = 0, \quad \therefore\ \ddot{\theta} = -\frac{g}{l}\sin\theta$$

この場合は，ダランベールの原理 (2.41) を使っても同じ結果となる．

（2） デカルト座標の場合

図 2.14 のように座標軸をとると，力のつり合いは

$$x\text{ 方向；}\quad mg + (-m\ddot{x}), \quad y\text{ 方向；}\quad -m\ddot{y}$$

となるので，仮想仕事の原理は次のようになる．

$$\{mg + (-m\ddot{x})\}\,\delta x + (-m\ddot{y})\,\delta y = 0 \tag{a}$$

$x = l\cos\theta$, $y = l\sin\theta$ より

$$\ddot{x} = -l\ddot{\theta}\sin\theta - l\dot{\theta}^2\cos\theta, \quad \ddot{y} = l\ddot{\theta}\cos\theta - l\dot{\theta}^2\sin\theta,$$

$$\delta x = -l\,\delta\theta\sin\theta, \quad \delta y = l\,\delta\theta\cos\theta$$

これらを (a) に代入して，次の結果が得られる．

$$\ddot{\theta} = -\frac{g}{l}\sin\theta$$

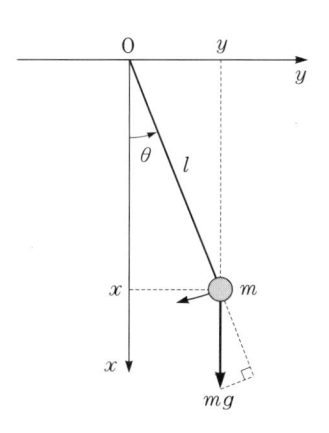

図 2.14

この場合は，仮想仕事の原理 (2.43) を用いなければならない．

§2.7 作用積分の変分

§2.5で，ラグランジアンを用いて定義される作用積分が変分原理を満たすことを，直接の証明なしに示唆しておいた ((2.36), (2.37) 参照)．ここでは，仮想仕事の原理を用いて直接これを示すことにする．仮想仕事の原理 (2.43) をデカルト座標成分を使って表すと

$$\delta W_{\mathrm{v}} = \sum_{i=1}^{3N} \{F_i + (-m_i\ddot{x}_i)\} \delta x_i = 0 \quad (2.44)$$

ここで (2.44) の t_1 から t_2 までの時間による定積分を実行する．これを δI とおくと

$$\delta I = \int_{t_1}^{t_2} \sum_{i=1}^{3N} \{F_i + (-m_i\ddot{x}_i)\} \delta x_i\, dt \equiv \delta I_1 + \delta I_2 = 0 \quad (2.45)$$

第1項 δI_1 は，力が保存力であるとし，ポテンシャルエネルギーを $U(x_1, x_2, \cdots, x_{3N})$ とすると次のようになる．

$$\delta I_1 = \int_{t_1}^{t_2} \sum_{i=1}^{3N} F_i\, \delta x_i\, dt = -\int_{t_1}^{t_2} \sum_{i=1}^{3N} \frac{\partial U}{\partial x_i} \delta x_i\, dt = -\delta \int_{t_1}^{t_2} U\, dt \quad (2.46)$$

第2項 δI_2 は $\ddot{x}_i\, \delta x_i\, dt = \delta x_i (d\dot{x}_i/dt)\, dt = \delta x_i\, d\dot{x}_i$ となるので，部分積分により

$$\begin{aligned}\delta I_2 &= -\int_{t_1}^{t_2} \sum_{i=1}^{3N} m_i \ddot{x}_i\, \delta x_i\, dt \\ &= -\sum_{i=1}^{3N} m_i \dot{x}_i\, \delta x_i \Big|_{t_1}^{t_2} + \int_{t_1}^{t_2} \sum_{i=1}^{3N} m_i \dot{x}_i \left(\frac{d}{dt} \delta x_i\right) dt \\ &= \int_{t_1}^{t_2} \sum_{i=1}^{3N} m_i \dot{x}_i\, \delta \dot{x}_i\, dt \end{aligned} \quad (2.47)$$

いま，右辺2番目の第1項の定積分値の計算で，δx_i に経路の両端での条件 (2.29) を用いた．

$$m_i \dot{x}_i\, \delta \dot{x}_i = \frac{1}{2} m_i\, \delta(\dot{x}_i{}^2) = \delta\!\left(\frac{1}{2} m_i \dot{x}_i{}^2\right)$$

となるので，全運動エネルギーを T とおくと

$$\delta I_2 = \delta \int_{t_1}^{t_2} T\, dt \tag{2.48}$$

結局 (2.44) の時間に関する定積分は

$$\delta I = \delta \int_{t_1}^{t_2} (T - U)\, dt = \delta \int_{t_1}^{t_2} L(\{x_i\},\ \{\dot{x}_i\},\ t)\, dt = 0 \tag{2.49}$$

これにより，仮想仕事の原理 (2.44) から出発して，(2.37) で予想した作用積分の変分原理が，質点系の場合に直接示されたことになる．

§2.8　電磁場のラグランジアン

この節では，質量 m，電荷 e の粒子が古典的電磁場 $\boldsymbol{E}(\boldsymbol{r}, t)$，$\boldsymbol{B}(\boldsymbol{r}, t)$ の作用の下で運動するときのラグランジアン L を，作用積分の変分原理の応用として導くことにする．

ラグランジアンは $L = T - U$ であり，運動エネルギーは

$$T = \frac{1}{2}m\dot{\boldsymbol{r}}^2 \tag{2.50}$$

なので，ラグランジアンを求めることは，電磁場のポテンシャルエネルギー U を求めることにつきる．変分原理 (2.49) を用いると

$$\delta \int_{t_1}^{t_2} U\, dt = \delta \int_{t_1}^{t_2} T\, dt \tag{2.51}$$

となるので，右辺の計算を進めることにより，左辺の U を求めるという方針で進めていく．このとき，電磁場を運動する荷電粒子にはローレンツ力が作用することがわかっているので，次の運動方程式が成立することを用いることになる．

$$m\ddot{\boldsymbol{r}} = e(\boldsymbol{E} + \dot{\boldsymbol{r}} \times \boldsymbol{B}) \tag{2.52}$$

(2.50) を (2.51) の右辺に使って，先に変分を実行すると，右辺を R とおいて

2. ラグランジュ方程式と変分原理

$$R = \delta \int_{t_1}^{t_2} T \, dt$$

$$= m \int_{t_1}^{t_2} \dot{\boldsymbol{r}} \cdot \delta\dot{\boldsymbol{r}} \, dt \tag{2.53}$$

$\delta\dot{\boldsymbol{r}} = (d/dt)\delta\boldsymbol{r}$ と，境界における条件 (2.29) に注意して部分積分を行うと

$$R = -m \int_{t_1}^{t_2} \delta\boldsymbol{r} \cdot d(\dot{\boldsymbol{r}}) \tag{2.54}$$

$d(\dot{\boldsymbol{r}}) = (d\dot{\boldsymbol{r}}/dt)\,dt = \ddot{\boldsymbol{r}}\,dt$ を用い，運動方程式 (2.52) を使って

$$R = -\int_{t_1}^{t_2} e\,(\boldsymbol{E} + \dot{\boldsymbol{r}} \times \boldsymbol{B}) \cdot \delta\boldsymbol{r}\,dt \tag{2.55}$$

電磁気学によると，電場 $\boldsymbol{E}$ と磁束密度 $\boldsymbol{B}$ は，スカラーポテンシャル $\varphi(\boldsymbol{r}, t)$，ベクトルポテンシャル $\boldsymbol{A}(\boldsymbol{r}, t)$ を用いて，次のように与えられる．

$$\boldsymbol{E} = -\nabla\varphi - \frac{\partial \boldsymbol{A}}{\partial t}, \qquad \boldsymbol{B} = \nabla \times \boldsymbol{A} \tag{2.56}$$

これを (2.55) に代入して，

$$R = \int_{t_1}^{t_2} e\,\nabla\varphi \cdot \delta\boldsymbol{r}\,dt + \int_{t_1}^{t_2} e\left\{\frac{\partial \boldsymbol{A}}{\partial t} - \dot{\boldsymbol{r}} \times (\nabla \times \boldsymbol{A})\right\} \cdot \delta\boldsymbol{r}\,dt \tag{2.57}$$

この式の計算を進めて，(2.51) の変分の形にまとめることができれば，U が求められることになる．

まず，(2.57) の最後の項の計算を行うために，符号を除いて R_3 とおくと

$$R_3 = e \int_{t_1}^{t_2} \{\dot{\boldsymbol{r}} \times (\nabla \times \boldsymbol{A})\} \cdot \delta\boldsymbol{r}\,dt$$

$$= e \int_{t_1}^{t_2} \left\{-\left(\dot{x}\,\frac{\partial \boldsymbol{A}}{\partial x} + \dot{y}\,\frac{\partial \boldsymbol{A}}{\partial y} + \dot{z}\,\frac{\partial \boldsymbol{A}}{\partial z}\right) \cdot \delta\boldsymbol{r} \right.$$

$$\left. + \left(\frac{\partial \boldsymbol{A}}{\partial x}\,\delta x + \frac{\partial \boldsymbol{A}}{\partial y}\,\delta y + \frac{\partial \boldsymbol{A}}{\partial z}\,\delta z\right) \cdot \dot{\boldsymbol{r}}\right\} dt \tag{2.58}$$

最後の第 1 小括弧の中は $d\boldsymbol{A}/dt - \partial \boldsymbol{A}/\partial t$ のことであり，第 2 小括弧の中は $\delta \boldsymbol{A} = \boldsymbol{A}(\boldsymbol{r} + \delta\boldsymbol{r}) - \boldsymbol{A}(\boldsymbol{r})$ のことなので

§2.8 電磁場のラグランジアン

$$R_3 = e\int_{t_1}^{t_2}\frac{\partial \boldsymbol{A}}{\partial t}\cdot \delta\boldsymbol{r}\,dt - e\int_{t_1}^{t_2}\left(\frac{d\boldsymbol{A}}{dt}\cdot\delta\boldsymbol{r} - \dot{\boldsymbol{r}}\cdot\delta\boldsymbol{A}\right)dt \tag{2.59}$$

この右辺の第1項は，(2.57) の小括弧内第1項と消える．

$$\frac{d}{dt}(\delta\boldsymbol{r}\cdot\boldsymbol{A}) = \delta\dot{\boldsymbol{r}}\cdot\boldsymbol{A} + \delta\boldsymbol{r}\cdot\dot{\boldsymbol{A}} \tag{2.60}$$

の関係を用いた後，(2.59) を (2.57) に代入すると

$$R = e\int_{t_1}^{t_2}\nabla\varphi\cdot\delta\boldsymbol{r}\,dt + e\int_{t_1}^{t_2}\left\{\frac{d}{dt}(\delta\boldsymbol{r}\cdot\boldsymbol{A}) - (\delta\dot{\boldsymbol{r}}\cdot\boldsymbol{A} + \dot{\boldsymbol{r}}\cdot\delta\boldsymbol{A})\right\}dt \tag{2.61}$$

第1項の被積分関数は

$$\nabla\varphi\cdot\delta\boldsymbol{r} = \frac{\partial\varphi}{\partial x}dx + \frac{\partial\varphi}{\partial y}dy + \frac{\partial\varphi}{\partial z}dz = \delta\varphi \tag{2.62}$$

(2.61) の第2項中括弧の中の第1項の積分は，(2.29) の条件からゼロになり，第2項は $\delta(\dot{\boldsymbol{r}}\cdot\boldsymbol{A})$ となるので，結局

$$R = \delta\int_{t_1}^{t_2}(e\varphi - e\dot{\boldsymbol{r}}\cdot\boldsymbol{A})\,dt \tag{2.63}$$

したがって (2.51) に立ち返ると，電磁場のポテンシャル U が変分原理の応用として求まり，電磁場のラグランジアン L は次のようになる．

$$U = e\varphi - e\dot{\boldsymbol{r}}\cdot\boldsymbol{A} \tag{2.64 a}$$

$$L = \frac{1}{2}m\dot{\boldsymbol{r}}^2 - e\varphi + e\dot{\boldsymbol{r}}\cdot\boldsymbol{A} \tag{2.64 b}$$

[**例題 2.9**] 上の電磁場のラグランジアンの導出には，ローレンツ力 (2.52) を使ったが，演習のために，(2.64) から荷電粒子の運動方程式 (2.52) を求めてみよ．

[**解**] (2.64) を用いてラグランジュの運動方程式を作る．まず x 成分については

$$\frac{\partial L}{\partial \dot{x}} = m\dot{x} + eA_x$$

$$\frac{d}{dt}\frac{\partial L}{\partial \dot{x}} = m\ddot{x} + e\left(\frac{\partial A_x}{\partial x}\dot{x} + \frac{\partial A_x}{\partial y}\dot{y} + \frac{\partial A_x}{\partial z}\dot{z} + \frac{\partial A_x}{\partial t}\right)$$

$$\frac{\partial L}{\partial x} = e\left(-\frac{\partial \varphi}{\partial x} + \frac{\partial A_x}{\partial x}\dot{x} + \frac{\partial A_y}{\partial x}\dot{y} + \frac{\partial A_z}{\partial x}\dot{z}\right)$$

となるので，運動方程式は

$$m\ddot{x} = -e\left(\frac{\partial \varphi}{\partial x} + \frac{\partial A_x}{\partial t}\right) + e\left(\frac{\partial A_y}{\partial x} - \frac{\partial A_x}{\partial y}\right)\dot{y} - e\left(\frac{\partial A_x}{\partial z} - \frac{\partial A_z}{\partial x}\right)\dot{z}$$

$$= -e\left(\nabla\varphi + \frac{\partial \boldsymbol{A}}{\partial t}\right)_x + e\,(\nabla \times \boldsymbol{A})_z\,\dot{y} - e\,(\nabla \times \boldsymbol{A})_y\,\dot{z}$$

$$= -e\left(\nabla\varphi + \frac{\partial \boldsymbol{A}}{\partial t}\right)_x + e\,\{\dot{\boldsymbol{r}} \times (\nabla \times \boldsymbol{A})\}_x$$

y, z 成分についても同様になり，(2.56) を用いて次の運動方程式を得る．

$$m\ddot{\boldsymbol{r}} = e\boldsymbol{E} + e\,(\dot{\boldsymbol{r}} \times \boldsymbol{B})$$

これは，先に (2.52) に示したローレンツ力の作用の下での荷電粒子の運動方程式である．

演習問題

[1] 次の式が成り立つことを示せ．

$$\frac{\partial \dot{x}_j}{\partial \dot{q}_i} = \frac{\partial x_j}{\partial q_i}, \qquad \frac{d}{dt}\left(\frac{\partial \dot{x}_j}{\partial \dot{q}_i}\right) = \frac{\partial \dot{x}_j}{\partial q_i}$$

[2] 次のラグランジアンから求まる運動方程式を比べることにより，ラグランジアンは一意的ではないことを示せ．

(1) $L = \dfrac{1}{2}m\dot{x}^2$ と $L = e^{\sqrt{m}\,\dot{x}}$

(2) $L = \dfrac{1}{2}m\dot{x}^2 - \dfrac{1}{2}kx^2$ に摩擦力 $G_x{}' = -\lambda\dot{x}$ が作用する場合と $L = \left(\dfrac{1}{2}m\dot{x}^2 - \dfrac{1}{2}kx^2\right)e^{(\lambda/m)t}$

［3］ 変分原理により，次を求めよ．

(1) 2点間 A(x_1, y_1)，B(x_2, y_2) を結ぶ最短経路．

(2) 重力の下，初速度なしで原点Oから A(x_1, y_1) まで滑らかな曲線に沿って滑り降りるとき，最短時間となる曲線の形．

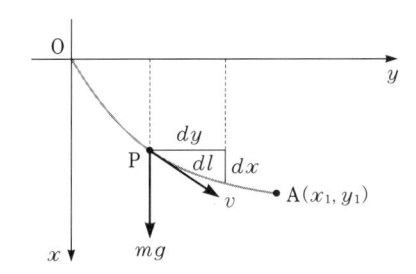

［4］ y 軸上に支点をもつ単振り子の支点 O′ が，原点Oから $S = S(t)$ に従って動く．$S(t)$ が次の場合，振れの角度 θ は小さいとして単振り子の先端の質点 m の運動を求めよ．

(1) $S(t) =$ 一定

(2) $S(t) = S_0 t$

(3) $S(t) = \dfrac{1}{2} at^2 + bt + c$

(4) $S(t) = S_0 \cos \omega_0 t$．また，このとき共鳴が起きる ω_0 を求めよ．

［5］ 頂角 2α の逆円錐を軸が鉛直方向を向くように置く．この内面に沿って滑りながら動く質量 m の小球の運動について，次の問いに答えよ．

(1) 小球の運動方程式を求めよ．

(2) 小球が水平向きに円運動を行う条件を求めよ．

(3) 上の円運動で小球に内面に沿って上向きに小さな撃力を与えた後の運動を求めよ．

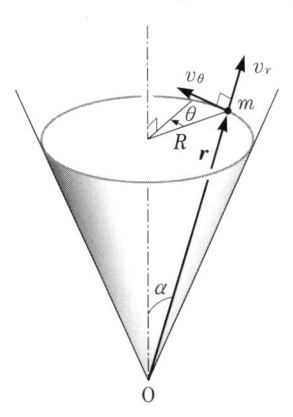

[6] 次の振動のラグランジアンと運動方程式を求めよ．

（1） 自然の長さ l，弾性率 k の軽いバネに質量 m の質点を吊るすとき，質点の鉛直面内の振動運動．

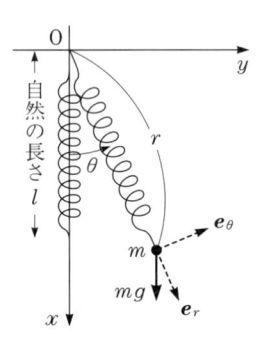

（2） 同じ長さ l，弾性率 k の2本のバネに質量 m，長さ $2a$ の一様な棒を吊るす．棒の重心Cの周りの慣性モーメントを I として，棒の鉛直面内の上下運動，Cの周りの微小回転運動にともなう重心の運動．

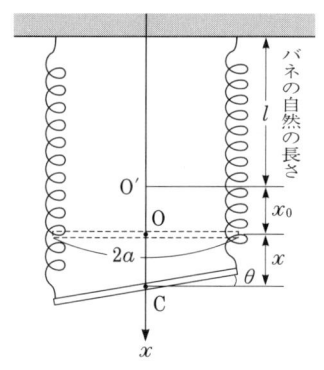

（3） 弾性率 k_1, k_2 のバネに同じ質量 m の質点を図のように固定し，質点2に外力 $f \sin \omega_0 t$ の強制振動を与えるとき．滑らかな板の上での水平直線方向の質点の振動運動．

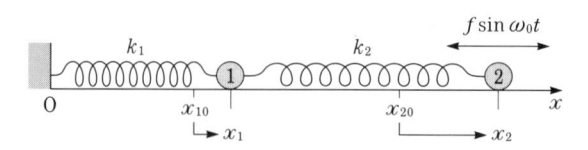

（4） 弾性率 k_1, k_2, k_3, k_4 の4本のバネと，同じ質量 m の小球を取り付けて自然の長さで両端を固定した系の，滑らかな板の上での水平直線振動．

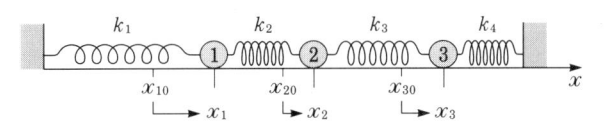

[7] 質点 m に作用する力が，$F_1(r) = -\gamma(1/r^2)$（万有引力，クーロン力），$F_2(r) = -q$（一定，クォーク間力），$F_3(r) = -kr$（復元力）の場合の平面運動について，次の問いに答えよ．

 （1） ラグランジアンを求めよ．

 （2） 運動方程式を求めよ．

 （3） 保存される角運動量を l として，動径成分の運動方程式を書け．

 （4） 運動が円運動となるときの半径 r_0 を，l を含んだ式で求めよ．

 （5） このときの角速度 ω，周期 T を求めよ．

 （6） 保存される全力学的エネルギーを表す式を求めよ．

ラグランジュの功績

　ラグランジュ (1736 - 1813) はニュートンの「プリンキピア」後 100 年経って「解析力学」(1788) を著し，初めて理論的力学体系を確立した．力学は公理に基づいて演繹的に構成されるべき数学 (解析学) の一分科と見なされるとして，理論力学の理念を最も鮮明に掲げた一人であった．

　また彼は，質点系の力学問題を一般化された公式の形に帰着させ，公式を適用するだけで問題の解決に必要なすべての方程式を得たいと考えた．それまでの図形に即した幾何学的手法ではなく，すべてを代数的，解析的に論議しようと試みた．つり合いの問題を仮想仕事の原理の形に表し，最小作用の原理も定式化した．これにより，一般的な力学の運動方程式 — ラグランジュ方程式 — についに至った．

　この章で述べたように，動力学を静力学 (力のつり合い) の問題に帰着させることができることは，"ダランベールの原理"とよばれる．しかし，ダランベール (1717 - 1783) がこの原理を提唱したのではなく，実はこれはラグランジュの着想であった．一般化座標を導入したのも彼であった．

　ラグランジュ形式 (ラグランジアンを決めると自動的に運動方程式が導かれる) によって，解析的手段の有効性が増した．運動方程式から初めて活力 (運動エネルギー) の保存が結論できたこと，また最小作用の原理を導くことができたことを，ラグランジュ形式の利点であると彼は自負した．しかし変分原理の確立までには，19 世紀に入ってハミルトン形式が現れるのを待たなければならなかった．このことは次章で述べる．

　イタリア生まれのラグランジュは 1787 年にルイ 16 世に招かれてパリに移り住み，名門校エコール・ポリテクニクを基盤に活躍したと記録されている．A 書によれば 1792 年に同校が設立された際，教授に任命されたとあり，B 書には 1794 年の設立の際，初代学長に任命とある．また，C, D 書には 1794〜1799 年の間，数学の教授とあり，E 書には 1797 年に教授・初代学長に任命さるとある．さらに，F 書には 1797 年にエコール・ポリテクニクをラグランジュが創立し，ナポレオン一世は彼に伯爵と上院議員の名誉を与えたとある．もし F 書が正しければ，それ以前の学長・教授職とは何だったのか?!　安易孫引き恐るべしである．

3 ハミルトンの正準方程式

　前章では，運動を記述する独立変数として，一般化座標 q_i とその時間微分である一般化速度ともいうべき $\dot{q}_i$ が採用された．これをもとにラグランジアンが定義され，これさえ求まれば運動方程式を解析的に書き下すことができた．ラグランジュの提案したこの方法は，量子力学や統計力学においても，運動や状態を記述する方程式を導く際に頻繁に使われる手法である．

　一方，一般化座標 q_i と一般化運動量 p_i を独立変数とする力学があることを本章では学ぶ．そして，この二種類の変数が作る多次元空間を導入して，位相空間を定義する．位相空間は次章で学ぶ正準変換へと続き，量子力学の基礎方程式であるシュレーディンガー方程式の導入へと発展していくことになる．q_i と p_i を独立変数に選んだハミルトンは19世紀半ばに活躍した人で，彼は量子力学が芽生えていく中で，$(q_i,\ p_i)$ がその橋渡しの重要な役割を担うことになるとは想像さえしなかったであろう．ハミルトンの力学は，力学の問題を単に解析的に解く手法に留まらず，理論物理学の確立への重要な役割を果たすことになった．本章では，その発端となるハミルトン形式の解析力学を学ぶ．

§3.1　ハミルトニアン

　前章で取り扱ったラグランジアンは，一般に $L(\{q_i\},\ \{\dot{q}_i\},\ t)$ のように，$(q_i,\ \dot{q}_i,\ t)$ を独立変数とする関数であった．この全微分は

$$dL = \sum_{i=1}^{3N} \left(\frac{\partial L}{\partial q_i} dq_i + \frac{\partial L}{\partial \dot{q}_i} d\dot{q}_i \right) + \frac{\partial L}{\partial t} dt \tag{3.1}$$

となる．括弧の中の $\partial L/\partial q_i$ には，ラグランジュの一般的な運動方程式

(2.10) を用い，また (2.11) より $\partial L/\partial \dot{q}_i = p_i$ を使うと，上式は次のように変形できる．

$$d\left(\sum_{i=1}^{3N} p_i \dot{q}_i - L\right) = \sum_{i=1}^{3N} [\dot{q}_i\, dp_i - (\dot{p}_i - G_i')\, dq_i] - \frac{\partial L}{\partial t}\, dt \tag{3.2}$$

この式の右辺は dp_i, dq_i, dt の3つの全微分で書かれているので，左辺の括弧の中は $\{p_i\}$, $\{q_i\}$, t を独立変数とする関数形で書くことができるはずである．実際，左辺の括弧の中を H とおき

$$H = \sum_{i=1}^{3N} p_i \dot{q}_i - L \tag{3.3}$$

一方，次の関係

$$p_i = \frac{\partial L(\{q_i\}, \{\dot{q}_i\}, t)}{\partial \dot{q}_i} = p_i(\{q_i\}, \{\dot{q}_i\}, t) \tag{3.4}$$

を逆に解いて

$$\dot{q}_i = \dot{q}_i(\{q_i\}, \{p_i\}, t) \tag{3.5}$$

と求め，これを用いると H は

$$H = \sum_{i=1}^{3N} p_i \dot{q}_i - L(\{q_i\}, \{\dot{q}_i\}, t) = H(\{q_i\}, \{p_i\}, t) \tag{3.6}$$

のように独立変数 (q_i, p_i, t) の関数となることがわかる．

ここに定義した関数 $H(\{q_i\}, \{p_i\}, t)$ は，**ハミルトン関数**または**ハミルトニアン** (Hamiltonian) とよばれる．

次に，このように定義されたハミルトニアンのもつ物理的な性質を調べる．デカルト座標 $\{x_i\}$ での運動エネルギーは

$$T = \sum_{i=1}^{3N} \frac{1}{2} m_i \dot{x}_i^2 \tag{3.7}$$

これを一般化座標 q_i で表すには，x_i の関数関係を表す (1.40 a) から

§3.1 ハミルトニアン　55

$$\dot{x}_i = \sum_{j=1}^{3N} \frac{\partial x_i}{\partial q_j} \dot{q}_j + \frac{\partial x_i}{\partial t} \tag{3.8}$$

これを (3.7) に代入して，

$$T = \frac{1}{2} \sum_{l,m=1}^{3N} \left(\sum_{i=1}^{3N} m_i \frac{\partial x_i}{\partial q_l} \frac{\partial x_i}{\partial q_m} \right) \dot{q}_l \dot{q}_m$$
$$+ \sum_{l=1}^{3N} \left(\sum_{i=1}^{3N} m_i \frac{\partial x_i}{\partial q_l} \frac{\partial x_i}{\partial t} \right) \dot{q}_l + \frac{1}{2} \sum_{i=1}^{3N} m_i \left(\frac{\partial x_i}{\partial t} \right)^2 \tag{3.9 a}$$

この式の右辺第 2 項，第 3 項がゼロにならない場合は，運動エネルギーは一般に時間に陽に依存することになる．再び (1.40 a) と (3.5) を想起すると，T も独立変数 (q_i, p_i, t) で書けることになる．

$$T = T(\{q_i\}, \{p_i\}, t) \tag{3.9 b}$$

(1.40) の起源のところで述べたように（[例題 1.4]，[例題 1.5] 参照），運動の条件（束縛条件や座標系の回転）が時間に依存している場合は，質点に直接作用する力が保存力（位置座標のみで決まる力）であっても，運動エネルギーが時間に依存するようになる．

$\{x_i\}$ と $\{q_i\}$ の変換関係が時間に陽に依存しないとき，すなわち (1.39) のときは，(3.9 a) 右辺の第 1 項の括弧の中を a_{lm} と書くと，**T も時間に陽に依存せず，運動エネルギーは次のような $\dot{q}_i$ の 2 次形式で表される．**

$$T = \frac{1}{2} \sum_{l,m=1}^{3N} a_{lm} \dot{q}_l \dot{q}_m = T(\{q_i\}, \{\dot{q}_i\}) \tag{3.10}$$

q_i に正準共役な一般化運動量 p_i は $a_{lm} = a_{ml}$ に注意して

$$p_i = \frac{\partial L}{\partial \dot{q}_i} = \frac{\partial T}{\partial \dot{q}_i} = \frac{1}{2} \sum_l a_{li} \dot{q}_l + \frac{1}{2} \sum_m a_{im} \dot{q}_m = \sum_j a_{ij} \dot{q}_j \tag{3.11}$$

となり，このときのハミルトニアンは (3.6) に代入して

$$H = \sum_{ij} a_{ij} \dot{q}_i \dot{q}_j - L = 2T - L = T(\{q_i\}, \{p_i\}) + U(\{q_i\})$$
$$= H(\{q_i\}, \{p_i\}) \tag{3.12}$$

ここで (3.5) と，T が時間に陽に依存しないことを用いた．また，作用する力は保存力（位置のみの関数）とした．電磁気力が作用する場合は，ポテンシャルが $\dot{r}(\dot{q}_i)$ を含む（(2.64a) 参照）．この場合のハミルトニアンは [例題 3.2] で求める．これより，運動エネルギーが時間に陽に依存しない場合は，「**ハミルトン関数 H は全力学的エネルギーになる**」ことがわかる．

[**例題 3.1**] 1次元調和振動子のハミルトニアンを求めよ．

[**解**] 弾性係数を k とすると，ラグランジアンは

$$L = T - U = \frac{1}{2}m\dot{x}^2 - \frac{1}{2}kx^2$$

となるので，ハミルトニアンは

$$H = p_x\dot{x} - L = m\dot{x}^2 - \left(\frac{1}{2}m\dot{x}^2 - \frac{1}{2}kx^2\right)$$

$$= \frac{1}{2}m\dot{x}^2 + \frac{1}{2}kx^2 = \frac{p_x^2}{2m} + \frac{1}{2}kx^2$$

となる．

[**例題 3.2**] 電磁場のハミルトニアンを求めよ．

[**解**] 電磁場のラグランジアンは (2.64b) のように求まった．

$$L = \frac{1}{2}m\dot{r}^2 - e\varphi + e\dot{r}\cdot\boldsymbol{A}$$

一般化された運動量は $p_x = \partial L/\partial \dot{x} = m\dot{x} + eA_x$ 等となるので，$\boldsymbol{p} = m\dot{\boldsymbol{r}} + e\boldsymbol{A}$．$\dot{q}_x = \dot{x}$ 等とおくと，(3.3) よりハミルトニアンは

$$H = \sum_{i=x,y,z} \dot{q}_i p_i - L = \sum_i \frac{1}{m}(p_i - eA_i)p_i - \sum_i \left(\frac{1}{2}m\dot{q}_i^2 + e\dot{q}_i A_i\right) + e\varphi$$

$$= \sum_i \frac{1}{2m}(p_i - eA_i)^2 + e\varphi = \frac{1}{2m}(\boldsymbol{p} - e\boldsymbol{A})^2 + e\varphi$$

となる．$\boldsymbol{p}$ は一般化（された）運動量であることに注意する．

§3.2 ハミルトンの正準方程式

時間を陽に含む一般的な場合に定義したハミルトニアン H (3.6) の全微

分を計算すると

$$dH = \sum_{i=1}^{3N}\left(\frac{\partial H}{\partial p_i}\,dp_i + \frac{\partial H}{\partial q_i}\,dq_i\right) + \frac{\partial H}{\partial t}\,dt \qquad (3.13)$$

これは (3.2) の左辺に相当するので，(3.2) の右辺と比較すると次の式の組が得られる．

$$\dot{q}_i = \frac{\partial H}{\partial p_i}, \qquad \dot{p}_i = -\frac{\partial H}{\partial q_i} + G_i' \qquad (3.14\,\mathrm{a})$$

時間微分に関係した項からの $\partial H/\partial t = -\partial L/\partial t$ は，x_i (したがって T) が時間に陽に依存するときは (3.6) から，依存しないときは (3.12) から (両辺ゼロ)，常に成り立つことがわかる．力が保存力のみの場合は，

$$\dot{q}_i = \frac{\partial H}{\partial p_i}, \qquad \dot{p}_i = -\frac{\partial H}{\partial q_i} \qquad (3.14\,\mathrm{b})$$

(3.14) は**ハミルトンの正準方程式**または**ハミルトンの運動方程式**とよばれる．(3.1) から (3.2) を導く際にラグランジュの運動方程式を用いたので，(3.14) は運動の法則をハミルトニアン H と正準共役変数 (q_i, p_i) を用いて表した，運動の基本的方程式であるといえる．

[**例題 3.3**] ハミルトニアンが時間に陽に依存しない場合は，全力学的エネルギーは保存することを示せ．

[**解**] ハミルトニアンは $H(\{q_i\}, \{p_i\})$ であるから，

$$\frac{dH}{dt} = \sum_{i=1}^{3N}\left(\frac{\partial H}{\partial q_i}\dot{q}_i + \frac{\partial H}{\partial p_i}\dot{p}_i\right) = \sum_{i=1}^{3N}\left\{\frac{\partial H}{\partial q_i}\frac{\partial H}{\partial p_i} + \frac{\partial H}{\partial p_i}\left(-\frac{\partial H}{\partial q_i}\right)\right\} = 0$$

この場合，(3.12) より $H = T + U$ となるから，上のことは力学的エネルギーの保存則が成り立つことを意味する．

§3.3 位相空間と運動の軌跡

質点の運動を解くということは，質点の位置座標 (x_1, x_2, x_3) が時間の関数として求まることを意味する．x_1, x_2, x_3 軸の作る空間は，**配位空間**とよ

ばれ，運動の時間発展は，配位空間内の座標点の軌跡が作る曲線として表される．N 個の質点の運動は束縛条件がなければ，一般には $3N$ 次元の配位空間内の運動となる．一般化された座標変数 $\{q_i\}$ の作る $3N$ 次元の空間も，配位空間とよぶ．

1 質点の直線運動（1 次元運動）のハミルトンの正準方程式からは，1 組の正準共役変数 (q_1, p_1) が時間の関数として求まる．質点の運動は，"座標点" (q_1, p_1) の時間発展の作る曲線に対応している．q_1, p_1 軸の作る空間を，**位相空間**とよぶ．N 個の質点系の場合は，位相空間は一般には $3N$ 個の正準共役変数の組 (q_i, p_i) が作る $6N$ 次元空間となる．

[**例題 3.4**] 1 次元調和振動子のハミルトニアンは保存量であることを示し，位相空間における

(1) 軌跡を描け．

(2) 軌跡の進む速さの q, p 成分を求めよ．

(3) 軌跡の進む向きを示せ．

[**解**] 座標 $x = q$，運動量 $m\dot{x} = p$ とすると，ハミルトニアンは $H = (1/2m)p^2 + (1/2)kq^2$．$dH/dt = (1/m)p\dot{p} + kq\dot{q}$ にハミルトンの運動方程式から求まる $\dot{q} = p/m, \dot{p} = -kq$ を用いると，$dH/dt = 0$ となり，H は運動の恒量であることがわかる．

(1) ハミルトニアン H が運動の恒量なので，$H = p^2/a^2 + q^2/b^2 = C^2$ とおくと，C は定数，$a = \sqrt{2m}, b = \sqrt{2/k}$ である．位相空間内の運動の軌跡は，初期（の全力学的エネルギー）条件 C に応じた楕円となる．

(2) 座標点 (q, p) の進む速さは，

$$V_q = \dot{q} = \frac{\partial H}{\partial p} = \frac{p}{m}, \qquad V_p = \dot{p} = -\frac{\partial H}{\partial q} = -kq$$

(3) 上に求めた速さの成分の符号から，座標点の軌跡の進む向きは図の右回りとなる．

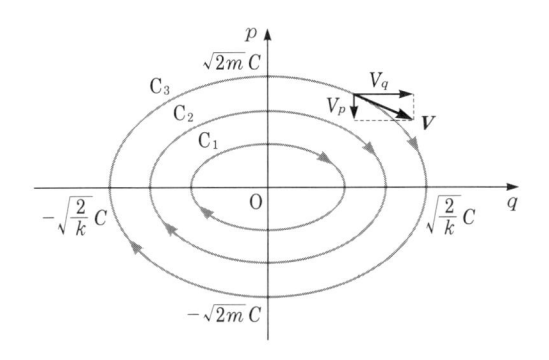

図 3.1

§3.4 極座標によるハミルトニアン

この節では，1質点の運動の3次元極座標によるハミルトニアンを求め，その性質を調べる．ここで求められる結果は，将来，量子力学における典型的な極座標表示のハミルトニアンのもつ性質を理解する上で役立つことになる．

まず，運動エネルギー T を一般化座標と運動量で書き表す．(1.43) より

$$\dot{r} = \frac{1}{m} p_r, \qquad \dot{\theta} = \frac{1}{mr^2} p_\theta, \qquad \dot{\phi} = \frac{1}{mr^2 \sin^2 \theta} p_\phi \quad (3.15)$$

これらを運動エネルギー (1.42) へ代入して

$$T = \frac{1}{2m} \left(p_r^2 + \frac{1}{r^2} p_\theta^2 + \frac{1}{r^2 \sin^2 \theta} p_\phi^2 \right) \quad (3.16)$$

ハミルトニアンは，(3.12) より

$$H = \frac{1}{2m} \left(p_r^2 + \frac{1}{r^2} p_\theta^2 + \frac{1}{r^2 \sin^2 \theta} p_\phi^2 \right) + U(r, \theta, \phi)$$

$$\quad (3.17)$$

と求まる．

次に，ハミルトニアンを軌道角運動量 $\boldsymbol{L}(L_r, L_\theta, L_\phi)$ を用いて書き表す．いま，

$$\boldsymbol{L} = \boldsymbol{r} \times m\boldsymbol{v} = m(r\boldsymbol{e}_r) \times (v_r\boldsymbol{e}_r + v_\theta\boldsymbol{e}_\theta + v_\phi\boldsymbol{e}_\phi)$$
$$= m(0\boldsymbol{e}_r - rv_\phi\boldsymbol{e}_\theta + rv_\theta\boldsymbol{e}_\phi) \qquad (3.18)$$

したがって，(1.18), (3.15) を用いると

$$L_r = 0, \qquad L_\theta = -\frac{p_\phi}{\sin\theta}, \qquad L_\phi = p_\theta \qquad (3.19\,\mathrm{a})$$

$$\boldsymbol{L}^2 = L_r{}^2 + L_\theta{}^2 + L_\phi{}^2 = \frac{p_\phi{}^2}{\sin^2\theta} + p_\theta{}^2 \qquad (3.19\,\mathrm{b})$$

これより，ハミルトニアン (3.17) は

$$H = \frac{p_r{}^2}{2m} + \frac{1}{2m}\frac{\boldsymbol{L}^2}{r^2} + U(r,\theta,\phi) \qquad (3.20)$$

のように角運動量の 2 乗に比例する項を含む形に表される．

　第1項は，質点の動径 r の向きの運動に付随した運動エネルギーである．第2項は，r に垂直な向きの運動に関係する運動エネルギーである．この項を"ポテンシャルエネルギー"と見なして，軌道角運動量 $\boldsymbol{L}^2$ をある値に決めたとき，したがって H の第2項が r のみの関数になる場合に，このポテンシャルに対応する力を求めてみる．L を定数に決めるのは，力学の問題では軌道角運動量が保存される場合が多いからである．求める"力"の極座標成分は

$$F_r = -\frac{\partial}{\partial r}\left(\frac{1}{2m}\frac{\boldsymbol{L}^2}{r^2}\right) = \frac{1}{m}\frac{\boldsymbol{L}^2}{r^3} \qquad (3.21\,\mathrm{a})$$

$$F_\theta = -\frac{1}{r}\frac{\partial}{\partial\theta}\left(\frac{1}{2m}\frac{\boldsymbol{L}^2}{r^2}\right) = 0 \qquad (3.21\,\mathrm{b})$$

$$F_\phi = -\frac{1}{r\sin\theta}\frac{\partial}{\partial\phi}\left(\frac{1}{2m}\frac{\boldsymbol{L}^2}{r^2}\right) = 0 \qquad (3.21\,\mathrm{c})$$

2番目の F_θ は $\boldsymbol{L}^2$ が (3.19 b) のように θ によるので，ゼロにはならないように思えるが，ここでは $\boldsymbol{L}^2$ をある一定値に決めたことに注意する．これより，このポテンシャルエネルギーに対応する力は中心力であることがわかるが，これは軌道角運動量が保存することにしたので当然の結果といえよう．

§3.4 極座標によるハミルトニアン　61

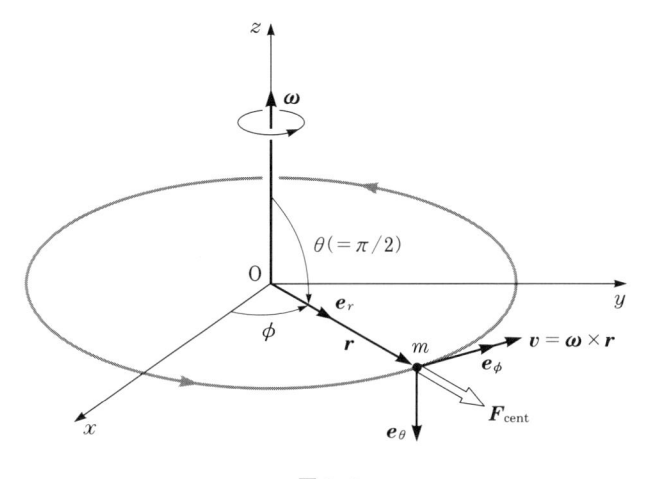

図 3.2

ここで，図 3.2 のように r が xy 平面内にある場合を例にとって考えてみる．角速度は，大きさ $\omega = \dot{\phi}$，向きは z 軸と平行になる．$\dot{\phi} \geqq 0$ の場合を考えると，角運動量は

$$\boldsymbol{L} = m\boldsymbol{r} \times \boldsymbol{v} = m\boldsymbol{r} \times (\boldsymbol{\omega} \times \boldsymbol{r}) = mr^2\omega(-\boldsymbol{e}_\theta) \tag{3.22}$$

(3.21 a) は

$$F_r = mr\omega^2 \tag{3.23}$$

となり，(2.26) で $\theta = \pi/2$ のときの遠心力 $\boldsymbol{F}_{\text{cent}}$ の大きさになっていることがわかる．

このように，(3.20) の第 2 項の起源は運動エネルギーのうち，動径 r に垂直な向きの運動（原点 O の周りの回転運動）のエネルギーであり，回転にともなって発生する遠心力（慣性力）がポテンシャルエネルギーの形で表現された項であるといえる．そのため，極座標表示のハミルトニアンに含まれる項

$$\frac{1}{2m}\frac{\boldsymbol{L}^2}{r^2} \tag{3.24}$$

を，**遠心力ポテンシャル**とよぶ．先の §2.2 の [例題 2.3] で，運動方程式の動径部分に含まれていたものと同一のポテンシャルエネルギーである．

§3.5　ポアッソン括弧と保存量

運動に付随した物理量（**力学的物理量**）は，結局は一般に独立な力学変数 $\{q_i\}, \{p_i\}$ と時間 t の 3 つの独立変数の関数として表されることがこれまでにわかった．たとえば，運動エネルギー T (3.9 b)，ハミルトニアン H (3.6)，一般化された速さ $\dot{q}_i$ (3.5)，角運動量の大きさ (3.19 a) などがそうである．このような物理量を F とすると

$$F = F(\{q_i\}, \{p_i\}, t) \tag{3.25}$$

その時間微分は

$$\frac{dF}{dt} = \frac{\partial F}{\partial t} + \sum_{i=1}^{3N} \left(\frac{\partial F}{\partial q_i} \dot{q}_i + \frac{\partial F}{\partial p_i} \dot{p}_i \right)$$

$$= \frac{\partial F}{\partial t} + \sum_{i=1}^{3N} \left(\frac{\partial F}{\partial q_i} \frac{\partial H}{\partial p_i} - \frac{\partial F}{\partial p_i} \frac{\partial H}{\partial q_i} \right) \tag{3.26}$$

ここで保存力の場合のハミルトンの正準方程式 (3.14 b) を用いた．右辺最後の第 2 項を

$$[F, H]_{qp} = \sum_{i=1}^{3N} \left(\frac{\partial F}{\partial q_i} \frac{\partial H}{\partial p_i} - \frac{\partial F}{\partial p_i} \frac{\partial H}{\partial q_i} \right) \tag{3.27}$$

とおくと

$$\frac{dF}{dt} = \frac{\partial F}{\partial t} + [F, H]_{qp} \tag{3.28}$$

と表される．この式は力学的物理量の時間発展を与える式なので，**力学的物理量の (満たす) 運動方程式**とよぶことにする．

[ ] の添字 qp は，偏微分する独立変数と微分の順序を明示するためで，自明の場合は省略する．この括弧式を，もっと一般の関数，$u(\{q_i\}, \{p_i\}, t)$, $v(\{q_i\}, \{p_i\}, t)$ にも拡張して定義する．

§3.5 ポアッソン括弧と保存量

$$[u, v]_{qp} = \sum_{i=1}^{3N}\left(\frac{\partial u}{\partial q_i}\frac{\partial v}{\partial p_i} - \frac{\partial u}{\partial p_i}\frac{\partial v}{\partial q_i}\right) = \sum_{i=1}^{3N}\frac{\partial(u,\ v)}{\partial(q_i,\ p_i)}$$

(3.29)

これを，**ポアッソンの括弧（式）**とよぶ．最右辺はヤコビアン (1.28) の 2×2 行列式の場合に当ることを示す．

ポアッソン括弧式には，次の関係があることがわかる．

$$[A,\ B] = -[B,\ A] \qquad (3.30\,\mathrm{a})$$

$$[A+B,\ C] = [A,\ C] + [B,\ C] \qquad (3.30\,\mathrm{b})$$

$$[A,\ BC] = [A,\ B]C + B[A,\ C] \qquad (3.30\,\mathrm{c})$$

$$[AB,\ C] + [BC,\ A] + [CA,\ B] = 0 \qquad (3.30\,\mathrm{d})$$

$$[A,\ [B,\ C]] + [B,\ [C,\ A]] + [C,\ [A,\ B]] = 0 \qquad (3.30\,\mathrm{e})$$

(3.30 c) の右辺 $B[A,\ C]$ は $[A,\ C]B$ と同じことであるが，後の章 §6.6 でポアッソン括弧と量子力学で定義される交換関係との対応を見る場合に便利な書き方を示しておく．u, v が力学変数（一般化座標，運動量）の場合を示すと

$$[q_i,\ q_j]_{qp} = [p_i,\ p_j]_{qp} = 0 \qquad (3.31\,\mathrm{a})$$

$$[q_i,\ p_j]_{qp} = \delta_{ij} \qquad (3.31\,\mathrm{b})$$

δ_{ij} は**クロネッカーのデルタ**とよばれ，次のように定義される．

$$\delta_{ij} = \begin{cases} 1 & (i=j) \\ 0 & (i\neq j) \end{cases} \qquad (3.32)$$

(3.28) で $F = q_i$ または p_i のときは，q_i, p_i がハミルトン力学形式における独立変数（$\{q_i\}, \{p_i\}, t$）であるから，$\partial q_i/\partial t$ 等はゼロに注意すると

$$\frac{dq_i}{dt} = [q_i,\ H] = \sum_{k=1}^{3N}\left(\frac{\partial q_i}{\partial q_k}\frac{\partial H}{\partial p_k} - \frac{\partial q_i}{\partial p_k}\frac{\partial H}{\partial q_k}\right) = \frac{\partial H}{\partial p_i} \qquad (3.33\,\mathrm{a})$$

$$\frac{dp_i}{dt} = [p_i,\ H] = \sum_{k=1}^{3N}\left(\frac{\partial p_i}{\partial q_k}\frac{\partial H}{\partial p_k} - \frac{\partial p_i}{\partial p_k}\frac{\partial H}{\partial q_k}\right) = -\frac{\partial H}{\partial q_i}$$

(3.33 b)

となるので，**ハミルトンの正準方程式**はポアッソン括弧を用いて表すと

$$\dot{q}_i = [q_i, H], \qquad \dot{p}_i = [p_i, H] \tag{3.34}$$

のように，q_i, p_i について対称な形になる．また，$F = F(\{q_i\}, \{p_i\})$ のように F が陽に時間に依存しない場合は

$$\frac{dF}{dt} = [F, H]_{qp} \tag{3.35}$$

さらに，ポアッソン括弧がゼロとなる場合は

$$[F, H]_{qp} = 0 \quad \rightarrow \quad \frac{dF}{dt} = 0 \tag{3.36}$$

となり，F は保存量ということになる．すなわち，ハミルトニアンとのポアッソン括弧式を計算することにより，ある物理量 F が運動の恒量であるか否かを知ることができる，ということである．

[**例題 3.5**] ハミルトニアン H が時間を陽に含まないとき，H は保存されることを示せ．

[**解**] (3.35) で $F = H$ とおくと，$dH/dt = [H, H]_{qp} = 0$ となり H は保存される．このときは (3.12) より $H = T + U$ なので，全力学的エネルギーが保存されることを意味する．

[**例題 3.6**] 質量 m の自由粒子の運動量は保存されることを示せ．

[**解**] 自由粒子の運動のハミルトニアンは，$H = (1/2m)\sum_{i=1}^{3} p_i^2$．$q_i$, p_i は互いに独立な変数なので

$$\frac{dp_1}{dt} = [p_1, H]_{qp} = \frac{1}{2m}\sum_{i=1}^{3} [p_1, p_i^2]_{qp}$$

$$= \frac{1}{2m}\sum_{i=1}^{3}\sum_{k=1}^{3} \left(\frac{\partial p_1}{\partial q_k}\frac{\partial p_i^2}{\partial p_k} - \frac{\partial p_1}{\partial p_k}\frac{\partial p_i^2}{\partial q_k}\right) = 0$$

p_2, p_3 についても同様になる．したがって，運動量の大きさ $p = \sqrt{p_1^2 + p_2^2 + p_3^2}$ は保存される．また，3つの各成分が保存されるので運動量の向きも保存され，結局，運動量（ベクトル）が保存される．

演習問題

[1] ハミルトニアンが時間を陽に含まない場合，変分原理からハミルトンの正準方程式を導け．

[2] 電磁場内を運動する荷電粒子（質量 m，電荷 e）の運動方程式をハミルトン形式で求めることにより，ローレンツ力を求めよ．

[3] 1次元調和振動子に摩擦力 $G' = -\lambda \dot{q}\,(\lambda > 0)$ が作用するとき，位相空間内の軌跡の進む速さを求め，これを摩擦のないときと比べることにより軌跡の時間発展を図に描け．

[4] 極座標表示のハミルトニアン (3.17) を (3.6) の定義により求めよ．

[5] 外力 $F(q) = -\lambda q + aq^2\,(\lambda,\, a \geq 0)$ の下で1次元運動を行う質点（質量 m）について，次の問いに答えよ．

  (1) ラグランジアンを求めよ．
  (2) ハミルトニアンを求めよ．
  (3) ハミルトンの運動方程式を示せ．
  (4) 全力学的エネルギーは保存することを示せ．
  (5) 位相空間の軌跡を求めよ．

[6] 中心力場における角運動量は保存することを示せ．

ハミルトンの生涯

ハミルトン (1805 - 1865) はアイルランドのダブリンに生まれた．語学に早熟で，少年の頃 10 数か国語（ラテン，ギリシャ，ヘブライ，フランス，イタリア等のほか，いくつかの東洋語）に通じた．10 歳頃にユークリッドの著書を読み，数学に非常に興味を覚えた．12〜17 歳頃には，ニュートンの「プリンキピア」，ラプラスの「天体力学」を読み，力学や光学にも強い関心をもつようになり，「天体力学」

の中の誤りを見つけ訂正の論文を書いた．18歳でダブリンのトリニティー・カレッジに入学し，卒業前に同カレッジの教授に，またダンシンク天文台長になった．当時，光の経路，屈折，回折などは物理学の最先端の研究課題であり，ハミルトンは最小作用の原理に基づいて光の経路を解き，これを解析的関数で表すことができることを示した．数学，力学，光学を一体的にとらえて現象を解析学の手法で記述することに貢献した．

本章で述べたようにハミルトンは，ラグランジュ形式の解析力学を別の変数の組を用いて再定式化し，ハミルトン形式の力学理論を作り上げた．この成果は19世紀当時はあまり注目されなかったが，ドイツの数学者ヤコビ(1804-1851)によって得られたハミルトン-ヤコビの偏微分方程式は，20世紀初頭の量子力学揺籃期になって注目された．ド・ブロイ(1892-1987)，シュレーディンガー(1887-1961)等によって活用され，ハミルトン形式の力学理論が量子力学への先駆的業績として再評価されることになった．これについては第6章で述べる．

30歳を過ぎた頃から複素数の代数学に取り組んだ．複素数 $a+ib$, $a,b=$ 実数，$i=\sqrt{-1}$ を実数対 (a,b) (2元数) と見なして，四則演算の代数演算法を発展させ，2つの複素数の和が平行四辺形を用いた平面幾何学で表現できることを示した．"ベクトル"という用語を創始して，ベクトルの平行移動が本質的意味を失わず，座標系から独立して取り扱えることを示した．その後これを拡張して，3重対(3元数)，4重対(4元数)の場合の代数学に取り組んだ．4元数の場合は，$a+ib+jc+kd$ の超複素数を定義し，$i^2=j^2=k^2=ijk=-1$ を基本則とした．この基本則からは，$ij=k$ と，$jk=i$ したがって $ji=j^2k=-k$ が導かれ，$ij=-ji$ という関係があることがわかる．これによってそれまでの交換則 $ij=ji$ を満たす代数形式と全く異なる反交換則をもつ代数学が形成されることになり，ハミルトンは非常な興奮を覚えて4元数代数学に没頭し，700ページ余りの「4元数講義」(1853)を著している．彼は，この4元数代数学がベクトルと同じように物理学への活用が期待できると信じたが，そこまでには至らず，時代はテンソル解析学の創成・発展という道をたどった．

晩年になって隠遁生活の中にあっても研究を続け，アルコール中毒と痛風に苦しみながら60年の生涯を終えた．

4 正準変換

　第2章で述べたラグランジュ形式による力学の定式化は，力学の問題の解析的解法に優れた有効性と機能性を与えることをこれまでに見てきた．ニュートンの運動方程式では，作用する力を現象に則して知識を駆使してもち込むことで，力学の問題を解かなければならなかった．ラグランジュの力学形式は，慣性力の複雑な導入を解析的に自動化することができた．実用性にも優れ，その有効性はラグランジュ方程式の応用分野を広げていった．

　一方，第3章で述べたハミルトンの正準方程式は，1階の連立方程式という解きやすい特徴をもち，正準共役な一組の力学変数の存在を気づかせ，ポアッソン括弧というスマートな計算式を生み出した．またそれは，運動の軌跡を配位空間から位相空間へと拡張し，解析性のさらに高まった力学の定式化をもたらした．

　さらにこの章で学ぶ正準共役変数の変換性は，ハミルトン力学形式の天体力学，統計力学への広がりと，量子力学への進展を誘導し，これらの研究分野の先端を切り開く役割を果たした．この章では正準共役変数の変換性に焦点を当て，一般化座標と運動量のより高度な一般化を学び，解析力学から次章の量子力学への発展の準備をすることを目的とする．

§4.1　位相空間の面積

　まず，リウヴィルの定理について述べる．簡単な例として，1質点の1次元運動を考えることにより，リウヴィルの定理を説明する．前章で示したように（[例題3.4]），運動にともなう正準共役変数 (q_1, p_1) の時間発展は，位相空間内の軌跡として表すことができる．運動の初期条件が違えば，異なる

4. 正準変換

軌跡となる．以下，添字1は省略する．

図4.1には，ある運動の初期条件の違う4つの軌跡が示されている．A, B, C, Dを時刻 t_0 におけるそれぞれの軌跡上の点としよう．t_0 から微小時間 Δt 経って，各点は運動の法則に従ってそれぞれ A′, B′, C′, D′ へ移動したとする．このときリウヴィルの定理は，「面積 ABCD と面積 A′B′C′D′ は等しくなる」ということである．以下では，面積を求めて直接この定理を確かめる．

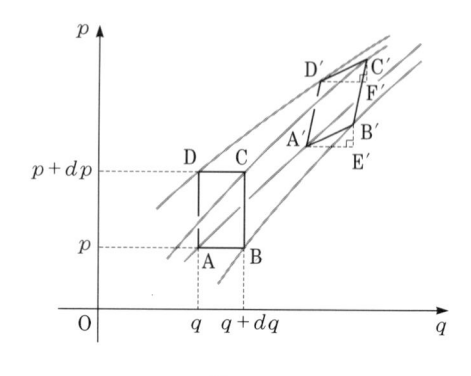

簡単のために，t_0 では四角形 ABCD は長方形とする．点 B, C, D の座標は，図のように点 A から微小量 dq, dp だけ離れた点とする．点 A が Δt 内に移動してできた点 A′ の位相空間における座標を，次のように表す．

$$A(q, p) \rightarrow A'(q'(q, p), p'(q, p)) \quad (4.1)$$

A′ の座標の $q'(q, p)$ は，座標点 (q, p) から始まって q' へ至ったことを示す．$p'(q, p)$ についても同様である．同様に，点 B の Δt 内の移動は

$$B(q+dq, p) \rightarrow B'(q''(q+dq, p), p''(q+dq, p))$$
$$= B'\left(q'(q, p) + \frac{\partial q'}{\partial q} dq,\ p'(q, p) + \frac{\partial p'}{\partial q} dq\right) \quad (4.2)$$

最後の式はテイラー展開して dq の1次までとり，$q''(q, p)$ は $q'(q, p)$ に等しいことを用いた．(4.1), (4.2) の差を用いて，ベクトル $\overrightarrow{A'B'}$ の q 軸，p 軸成分は次のように求まる．

$$\overrightarrow{A'B'} = (A'E',\ E'B') = \left(\frac{\partial q'}{\partial q} dq,\ \frac{\partial p'}{\partial q} dq\right) \quad (4.3)$$

次に点 D, D′ について同様の計算を行うと

§4.1 位相空間の面積

$$D(q,\ p+dp)\ \to\ D'(q'''(q,\ p+dp),\ p'''(q,\ p+dp))$$
$$= D'\left(q'(q,\ p) + \frac{\partial q'}{\partial p} dp,\ p'(q,\ p) + \frac{\partial p'}{\partial p} dp\right) \quad (4.4)$$

(4.1), (4.4) より，ベクトル $\overrightarrow{A'D'}$ の q 軸，p 軸成分は

$$\overrightarrow{A'D'} = \left(\frac{\partial q'}{\partial p} dp,\ \frac{\partial p'}{\partial p} dp\right) \quad (4.5)$$

したがって，四角形 A'B'C'D' の面積 dS' は (4.3), (4.5) より，ベクトル積を用いて

$$dS' = |\overrightarrow{A'B'} \times \overrightarrow{A'D'}| = \left|\frac{\partial q'}{\partial q}\frac{\partial p'}{\partial p} - \frac{\partial q'}{\partial p}\frac{\partial p'}{\partial q}\right| dp\,dq$$

$$= \left|\begin{array}{cc} \dfrac{\partial q'}{\partial q} & \dfrac{\partial q'}{\partial p} \\ \dfrac{\partial p'}{\partial q} & \dfrac{\partial p'}{\partial p} \end{array}\right| dS = [q',\ p']_{qp}\,dS = J\,dS \quad (4.6)$$

ここで，t_0 における面積 ABCD を $dS = dp\,dq$ とした．また，$[q',\ p']_{qp}$ は (3.29) で定義したポアッソン括弧で，J は**ヤコビアン**である．

次節では，上の2つの面積 dS, dS' の間の関係を調べる．

[**例題 4.1**] （1）図 4.1 の四角形 A'B'C'D' は近似的に平行四辺形となることを示せ．

（2）(4.6) のベクトル積が平行四辺形 A'B'C'D' の面積になることを示せ．

[**解**] （1）点 C から点 C' への変位は dq, dp の 1 次までの近似で
$C(q+dq,\ p+dp)$
$\to\ C'(q^{(4)}(q+dq,\ p+dp),\ p^{(4)}(q+dq,\ p+dp))$
$= C'\left(q'(q,\ p) + \dfrac{\partial q'}{\partial q} dq + \dfrac{\partial q'}{\partial p} dp,\ p'(q,\ p) + \dfrac{\partial p'}{\partial q} dq + \dfrac{\partial p'}{\partial p} dp\right)$

図 4.1 のように四角形 A'B'C'D' の位置に，直角を挟む 2 辺がそれぞれ q 軸，p 軸に平行な，点線で示したような 2 つの直角三角形 A'E'B', D'F'C' を作って考える．

A′E′ は (4.1), (4.2) から A′E′ $= (\partial q'/\partial q)\, dq$, D′F′ は (4.4) と上に求めた点 C′ の座標から D′F′ $= (\partial q'/\partial q)\, dq =$ A′E′ となることが, 微小変位の 1 次までの近似でいえる. 同様にして, E′B′ $= (\partial p'/\partial q)\, dq =$ F′C′ となることがいえる. したがって, 2 つの直角三角形は合同で, 結局四角形 A′B′C′D′ は dq, dp の 1 次の範囲で近似的に平行四辺形となることが示された.

（2） A′B′ と A′D′ のなす角を θ とすると,
$$|\overrightarrow{A'B'} \times \overrightarrow{A'D'}| = |\overrightarrow{A'D'}|\cdot|\overrightarrow{A'B'}||\sin\theta|$$
となるので, 上のベクトル積は平行四辺形 A′B′C′D′ の面積になっていることがわかる.

この式を用いると (4.6) の結果は, 直接次のようにして得られる. いま
$$|\boldsymbol{a} \times \boldsymbol{b}| = ab|\sin\theta| = \sqrt{a^2 b^2 (1 - \cos^2\theta)} = \sqrt{|a^2||b|^2 - (\boldsymbol{a}\cdot\boldsymbol{b})^2}$$
となるので, 平行四辺形 A′B′C′D′ の面積 dS' は, 途中 (4.3), (4.5) を用いて
$$\begin{aligned}
dS' &= |\overrightarrow{A'B'} \times \overrightarrow{A'D'}| = \sqrt{|\overrightarrow{A'B'}|^2 |\overrightarrow{A'D'}|^2 - (\overrightarrow{A'B'}\cdot\overrightarrow{A'D'})^2} \\
&= \sqrt{\left\{\left(\frac{\partial q'}{\partial q}\right)^2 + \left(\frac{\partial p'}{\partial q}\right)^2\right\}\left\{\left(\frac{\partial q'}{\partial p}\right)^2 + \left(\frac{\partial p'}{\partial p}\right)^2\right\} - \left(\frac{\partial q'}{\partial q}\frac{\partial q'}{\partial p} + \frac{\partial p'}{\partial q}\frac{\partial p'}{\partial p}\right)^2}\, dq\, dp \\
&= \sqrt{\left(\frac{\partial q'}{\partial q}\right)^2\left(\frac{\partial p'}{\partial p}\right)^2 + \left(\frac{\partial p'}{\partial q}\right)^2\left(\frac{\partial q'}{\partial p}\right)^2 - 2\frac{\partial q'}{\partial q}\frac{\partial q'}{\partial p}\frac{\partial p'}{\partial q}\frac{\partial p'}{\partial p}}\, dq\, dp \\
&= \left|\frac{\partial q'}{\partial q}\frac{\partial p'}{\partial p} - \frac{\partial q'}{\partial p}\frac{\partial p'}{\partial q}\right| dS
\end{aligned}$$
となり, (4.6) と同じ結果となる.

§4.2 リウヴィルの定理

前節では, 時刻 t_0 における力学変数 $q(t_0)$, $p(t_0)$ が運動の法則に従って時間発展して, 微小時間 Δt 後に $q'(t_0 + \Delta t)$, $p'(t_0 + \Delta t)$ になるとした. これを Δt のベキに展開して, 系のハミルトニアン H の満たすハミルトンの正準方程式を用いると

$$q' = q + \dot{q}\,\Delta t + \cdots = q + \frac{\partial H}{\partial p}\Delta t + \cdots \tag{4.7}$$

$$p' = p + \dot{p}\,\Delta t + \cdots = p - \frac{\partial H}{\partial q}\Delta t + \cdots \tag{4.8}$$

これを (4.6) に代入すると，J は

$$J = \begin{vmatrix} 1 + \dfrac{\partial^2 H}{\partial q\,\partial p}\Delta t + \cdots & \dfrac{\partial^2 H}{\partial p^2}\Delta t + \cdots \\ -\dfrac{\partial^2 H}{\partial q^2}\Delta t + \cdots & 1 - \dfrac{\partial^2 H}{\partial p\,\partial q}\Delta t + \cdots \end{vmatrix} = 1 + O(\Delta t^2) \xrightarrow[\Delta t \to 0]{} 1 \tag{4.9}$$

ゆえに

$$dS' = dS \tag{4.10}$$

となり，「運動は，位相空間内の微小面積が不変に保たれるように時間発展する」ことが結論される．これを**リウヴィルの定理**という．

(q', p') は (q, p) がハミルトンの正準方程式に従って発展してきた力学変数なので，ポアッソン括弧に関する (3.31 b) の関係を思い起こすと，$[q_i', p_i']_{qp} = 1$ となることは保証されていることで，(4.6) で $J = 1$ はこのことからも理解できる．いま $q_i' = Q_i$，$p_i' = P_i$ とおくと，J は (q, p) から (Q, P) への (微小) 座標変換のヤコビアンという意味をもち，一般に多次元の運動では次の関係に拡張できる．

$$J = [Q_i, P_j]_{qp} = \delta_{ij} \tag{4.11}$$

[**例題 4.2**] 1 次元の調和振動子の運動にリウヴィルの定理が成り立つことを示せ．

[**解**] 質量 m，角振動数 ω をもつ 1 次元の調和振動子について，初期条件の異なる 4 つの運動の位相空間における軌跡を考える．時刻 t_0 で微小な距離離れた 4 点 A_1, A_2, A_3, A_4 の座標を (q_n, p_n) ($n = 1, 2, 3, 4$) とする．いま，$q_n = a_n \sin(\omega t + \delta_n)$，$p_n = m\dot{q}_n = m a_n \omega \cos(\omega t + \delta_n)$ である．上に示したように 4 点の作る微小な四角形の面積 S は，近似的にベクトル $\overrightarrow{A_1 A_2}$, $\overrightarrow{A_1 A_4}$ のベクトル積の大きさで与えられる．q 軸，p 軸成分は $\overrightarrow{A_1 A_2} = (q_2 - q_1, p_2 - p_1)$，$\overrightarrow{A_1 A_4} =$

72 　4. 正準変換

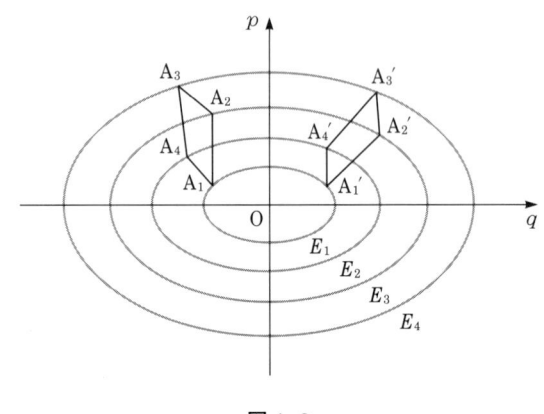

図 4.2

$(q_4 - q_1, p_4 - p_1)$ となるので，4 点の作る平行四辺形の面積は

$$S = |\overrightarrow{A_1A_2} \times \overrightarrow{A_1A_4}| = |(q_2 - q_1)(p_4 - p_1) - (q_4 - q_1)(p_2 - p_1)|$$
$$= |(q_1p_2 - q_2p_1) + (q_2p_4 - q_4p_2) + (q_4p_1 - q_1p_4)|$$

$q_1p_2 - q_2p_1 = m\omega a_1 a_2 \sin(\delta_1 - \delta_2)$ 等となるので，S は時間 t に依存せず一定となり，リウヴィルの定理が成り立つ．

　1 質点の 3 次元運動の場合は，6 次元位相空間の微小面積 $dq_1\,dp_1$, $dq_2\,dp_2$, $dq_3\,dp_3$ の各々が不変に保たれ，したがって微小体積 $dv = (dq_1\,dp_1)(dq_2\,dp_2)$ $(dq_3\,dp_3) = dq_1\,dq_2\,dq_3\,dp_1\,dp_2\,dp_3$ が保存される．N 質点系の場合は位相空間は $6N$ 次元の多重空間となり，N 個の微小体積が個々に保存され，その積（**微小超体積**とよぶ）も保存されることになる．したがって，リウヴィルの定理は，微小超体積の時間発展

$$dv = dq_1\,dq_2 \cdots dq_{3N}\,dp_1\,dp_2 \cdots dp_{3N}$$

と

$$dV = dQ_1\,dQ_2 \cdots dQ_{3N}\,dP_1\,dP_2 \cdots dP_{3N} \qquad (4.12)$$

の間で

$$dV = J\,dv \tag{4.13}$$

が成り立ち，ヤコビアン J は

$$J = \frac{\partial(\{Q_i\},\ \{P_i\})}{\partial(\{q_i\},\ \{p_i\})} = 1 \tag{4.14}$$

となる，というのが最も一般的な表現である．このときのヤコビアンは，運動に束縛条件がなければ $6N \times 6N$ の行列式になる．さらに拡張して，この定理は，(4.13) を積分して，$6N$ 次元 ($\{q_i\}, \{p_i\}$) の位相空間内の"ある領域の体積" v_s (**超体積**とよぶ) に含まれる力学変数が，ハミルトンの正準方程式に従って時間発展して作る新しい超体積を V_s とすると，

$$V_s = Jv_s, \qquad J = 1 \tag{4.15}$$

となることを意味する．(4.14) が直接 1 になることは，§4.5 で述べる正準変換不変量を用いて導くことができる (演習問題 [6])．

位相空間内の一組の正準共役変数 ($q_i,\ p_i$) に対応する座標点を**代表点**とよぶと，代表点は力学系の 1 つの力学的状態と考えることができ，「代表点は，運動の途中で消失したり他の代表点と重なったりすることはない」といえる．消失すれば運動の実態がなくなることであり，重なれば 1 つの初期条件の解がこれとは異なる初期条件の解と一致することになり，運動方程式の解の一意性が失われることになるからである．† したがって，位相空間内で，時間発展とともに超体積の形が変化しても，その領域に含まれる代表点の数 (力学的状態数) は変らない．リウヴィルの定理 (超体積の不変性) を思い起こすと，各時点での**状態密度**が変らないということになる．このことは，統

---

† このことは第 3 章の演習問題 [5] の解答の図中の (4) で，軌跡の交差があってはならない，ということを意味するものではない．(4) は「初期条件」が不安定な平衡点の運動に対応しており，ポテンシャルの極大値点で起きる特徴的な現象である．上でいっているのは，演習問題 [5] でたとえば異なる初期条件の 2 つの軌跡 (1) と (4) が重なる点をもつことはない，ということである．

計力学の分野でも重要な意味をもち,ハミルトンの力学形式の広がりを示す一つといえよう.

§4.3 正準変換

ラグランジアン $L = L(\{q_i\}, \{\dot{q}_i\}, t)$ を用いた運動の方程式は,一般化された座標と速さ $\{q_i\}$, $\{\dot{q}_i\}$ が時間の関数として求まる形式になっている.一般化座標にどんな座標系(デカルト座標,極座標など)を採用するかは,問題の解法に有利なものを選べばよくて,異なる一般化座標との間には座標変数と時間 t のみを含む一意的な変換の関係が存在する((1.40)はその一例である).一般化された速さ $\dot{q}_i$ の変換は,座標変数の時間微分に関係するので,必ずしも速さの変数(たとえば $\{\dot{x}_i\}$)と時間 t のみの関数で表されるとは限らず,座標変数($\{x_i\}$)も関係してくる.したがって,2種類の一般化座標(たとえば極座標とデカルト座標)を $\{Q_i\}$, $\{q_i\}$ とすると,一般には異なる座標変数の間の関係は

$$Q_i = Q_i(\{q_i\}, t), \qquad \dot{Q}_i = \dot{Q}_i(\{q_i\}, \{\dot{q}_i\}, t) \qquad (4.16)$$

となる.時間を陽に含むのは,回転座標,時間に関係した拘束力等の場合である([例題 1.4],[例題 1.5]参照).

一方,ハミルトンの力学形式においては,力学変数は一般化された座標と運動量 $\{q_i\}$, $\{p_i\}$ に選んだ((3.14 b)の下参照).これと異なる一般化座標と運動量を $\{Q_i\}$, $\{P_i\}$ とすると,この場合にも座標は座標と時間のみの変換で結ばれることは変らないで,変換関係は次のようになる.

$$Q_i = Q_i(\{q_i\}, t), \qquad P_i = P_i(\{q_i\}, \{p_i\}, t) \qquad (4.17)$$

ところで,ポアッソン括弧を用いて表したハミルトンの正準方程式 (3.34) は,力学変数 q_i, p_i について対称な(q_i と p_i を入れ換えても方程式は全体としては不変である)形をしている.この対称性は,上の変換関係 (4.17) の Q_i にも $\{p_i\}$ を含むような変換性を探し出せる可能性を示唆している.もしこのような変換が見出せれば,力学理論に何か新しい展開が期待で

きるかもしれない.

そこで,

(1) 2種類の一般化座標と運動量の間の変換が

$$Q_i = Q_i(\{q_i\}, \{p_i\}, t), \qquad P_i = P_i(\{q_i\}, \{p_i\}, t) \qquad (4.18)$$

のような対称な形をとり

さらに

(2) (Q_i, P_i) の従うハミルトンの正準方程式が (q_i, p_i) の場合と同じ形になる

という要請をおくと，どんな力学の定式化が得られるか，興味深い．

このように，力学の問題を解くに当ってより簡潔で見通しの良い運動方程式が得られないかというのが，以下に述べる"正準変換"の初期の発想であった．力学におけるいろいろな解析的定式化の試みは，単に力学の問題を解く便利さという実利的領域に留まらず，形式の対称性や普遍性の追及へと深まり，ついには量子力学の定式化に貢献することになった．それが，以下に述べる正準変換とよばれるものである．

一般化座標と運動量 (q_i, p_i) が，ハミルトニアン $H(\{q_i\}, \{p_i\}, t)$ との間でハミルトンの正準方程式を満足する力学変数であるとする．このような (q_i, p_i) と時間 t を独立変数とする (4.18) の1組の関数 $\{Q_i\}, \{P_i\}$ が，ハミルトニアン $\mathscr{H}(\{Q_i\}, \{P_i\}, t)$ との間で，ハミルトンの正準方程式

$$\dot{Q}_i = \frac{\partial \mathscr{H}}{\partial P_i}, \qquad \dot{P}_i = -\frac{\partial \mathscr{H}}{\partial Q_i} \qquad (4.19)$$

を満たすとき，(4.18) を (q_i, p_i) から $\{Q_i\}, \{P_i\}$ への**正準変換**という．

(4.19) から $\{Q_i\}, \{P_i\}$ が求まったからといって，(4.18) の Q_i, P_i の関数形が決まることにはならない．第一，(4.19) の $\mathscr{H}(\{Q_i\}, \{P_i\}, t)$ ともとの $H(\{q_i\}, \{p_i\}, t)$ との関係すら，この段階ではわかっていないので，(4.19)

の $\mathscr{H}$ が決まっておらず,この式は解きようもない式としかいいようがない.この2つ,すなわち $\{Q_i\}$, $\{P_i\}$ の関数形と $\mathscr{H}(\{Q_i\}, \{P_i\}, t)$ の $H(\{q_i\}, \{p_i\}, t)$ との関係は,以下に示すように同時に決定されるものである.これを示す前に,次の例題で正準変換の意味を具体的にみてみよう.

[例題 4.3] 1次元調和振動子のハミルトニアンを $H = (1/2m)p^2 + (1/2)kq^2$ とするとき,次の (q, p) から (Q, P) への変換は正準変換か.

(1) $p = P$, $q = Q + aP$

(2) $p = \sqrt{m\omega}\, P$, $\quad q = \dfrac{1}{\sqrt{m\omega}} Q$, $\quad \omega^2 = \dfrac{k}{m}$

[解] (1) 新しいハミルトニアン $\mathscr{H}(Q, P)$ は p, q を $H(q, p)$ に代入して

$$\mathscr{H} = \frac{1}{2m} P^2 + \frac{1}{2} k (Q + aP)^2$$

となる.また,

$$\dot{Q} = \dot{q} - a\dot{P} = \frac{p}{m} - a\dot{p} = \frac{p}{m} + akq \quad (\because\ (3.14\,\mathrm{b})\ \text{より}\ \dot{p} = -kq)$$

$$\frac{\partial \mathscr{H}}{\partial P} = \frac{P}{m} + ak(Q + aP) = \frac{p}{m} + akq$$

$$\therefore\ \dot{Q} = \frac{\partial \mathscr{H}}{\partial P}$$

また

$$\dot{P} = \dot{p} = -kq, \quad -\frac{\partial \mathscr{H}}{\partial Q} = -k(Q + aP) = -kq$$

$$\therefore\ \dot{P} = -\frac{\partial \mathscr{H}}{\partial Q}$$

変換後の $Q, P, \mathscr{H}$ の間でハミルトンの正準方程式が成り立つので,正準変換である.

(2) p, q を $H(q, p)$ に代入して

$$\mathscr{H} = \frac{1}{2} \omega (P^2 + Q^2), \quad \dot{Q} = \sqrt{m\omega}\, \dot{q} = \sqrt{\frac{\omega}{m}}\, p$$

$$\left(\because\ (3.14\,\mathrm{b})\ \text{より}\ \dot{q} = \frac{p}{m} \right)$$

§4.3 正準変換　77

$$\frac{\partial \mathscr{H}}{\partial P} = \omega P = \sqrt{\frac{\omega}{m}}\, p$$

$$\therefore \quad \dot{Q} = \frac{\partial \mathscr{H}}{\partial P}$$

$$\dot{P} = \frac{1}{\sqrt{m\omega}}\dot{p} = \frac{1}{\sqrt{m\omega}}(-kq), \quad -\frac{\partial \mathscr{H}}{\partial Q} = -\omega Q = \frac{1}{\sqrt{m\omega}}(-kq)$$

より

$$\dot{P} = -\frac{\partial \mathscr{H}}{\partial Q}$$

したがって，正準変換である．変換後の位相空間の軌跡は $(\sqrt{2\mathscr{H}/\omega})^2 = P^2 + Q^2$ となるので，半径が $\sqrt{2\mathscr{H}/\omega}$ の円となる．

正準変換の方法

それでは，(4.18) の対称性をもつような正準変換を求める方法を示そう．ハミルトンの正準方程式は変分原理

$$\delta I = \delta \int_{t_1}^{t_2} L(\{q_i\}, \{\dot{q}_i\}, t)\, dt = 0 \qquad (4.20)$$

からも求まることを，第3章の演習問題［1］で学んだ．(3.6) のハミルトニアン $H(\{q_i\}, \{p_i\}, t)$ の表し方を用いると，上の変分は次のように書ける．

$$\delta I = \delta \int_{t_1}^{t_2} \left[\sum_{i=1}^{3N} p_i \dot{q}_i - H(\{q_i\}, \{p_i\}, t) \right] dt = 0 \qquad (4.21)$$

同じことを，正準変換後のラグランジアン $\mathscr{L} = \mathscr{L}(\{Q_i\}, \{\dot{Q}_i\}, t)$ について考えると，$\mathscr{L}(\{Q_i\}, \{\dot{Q}_i\}, t) = L(\{q_i\}, \{\dot{q}_i\}, t)$ であれば，$\mathscr{L}$ は (4.20) と同じ形の変分原理を満たすことは自明である．さらに

$$\int_{t_1}^{t_2} \left[\mathscr{L}(\{Q_i\}, \{\dot{Q}_i\}, t) + \frac{dW}{dt} \right] dt = \int_{t_1}^{t_2} [L(\{q_i\}, \{\dot{q}_i\}, t)]\, dt$$

$$(4.22)$$

であっても変分原理が満たされることを示すことができる（演習問題［1］）．W は1価連続で微分可能な，一般化座標，一般化運動量，時間の関数である．

4. 正準変換

この関係式を，正準方程式を満たす力学変数 Q_i, P_i およびハミルトニアン $\mathscr{H}$ を用いて書くと

$$\int_{t_1}^{t_2} \left[\sum_{i=1}^{3N} P_i \dot{Q}_i - \mathscr{H}(\{Q_i\}, \{P_i\}, t) + \frac{dW}{dt} \right] dt$$

$$= \int_{t_1}^{t_2} \left[\sum_{i=1}^{3N} p_i \dot{q}_i - H(\{q_i\}, \{p_i\}, t) \right] dt \quad (4.23)$$

となり，次の関係式が得られる．

$$\frac{dW}{dt} = \sum_{i=1}^{3N} p_i \dot{q}_i - \sum_{i=1}^{3N} P_i \dot{Q}_i - H(\{q_i\}, \{p_i\}, t) + \mathscr{H}(\{Q_i\}, \{P_i\}, t) \quad (4.24)$$

この式の右辺には，時間微分された力学変数の項としては $\dot{q}_i, \dot{Q}_i$ が含まれており，この2つの項しかないので，関数 W を全時間微分することを考えると，W には $W = W(\{q_i\}, \{Q_i\}, t)$ の関数形が要請される．そこで

$$\frac{dW(\{q_i\}, \{Q_i\}, t)}{dt} = \sum_{i=1}^{3N} \frac{\partial W}{\partial q_i} \dot{q}_i + \sum_{i=1}^{3N} \frac{\partial W}{\partial Q_i} \dot{Q}_i + \frac{\partial W}{\partial t} \quad (4.25)$$

を (4.24) と比較して

$$P_i = -\frac{\partial}{\partial Q_i} W(\{q_i\}, \{Q_i\}, t) \quad (4.26\,\mathrm{a})$$

$$p_i = \frac{\partial}{\partial q_i} W(\{q_i\}, \{Q_i\}, t) \quad (4.26\,\mathrm{b})$$

$$\mathscr{H}(\{Q_i\}, \{P_i\}, t) = H(\{q_i\}, \{p_i\}, t) + \frac{\partial}{\partial t} W(\{q_i\}, \{Q_i\}, t) \quad (4.26\,\mathrm{c})$$

以上で，$W(\{q_i\}, \{Q_i\}, t)$ が与えられれば，正準変換が一つ求まることになる．それはどういう意味かというと，W が与えられれば，まず (4.26 a) から，

$$q_i = q_i(\{P_i\}, \{Q_i\}, t) \quad (4.27\,\mathrm{a})$$

のように q_i の関数形が決まる．これを (4.26 b) へ代入することにより，

$$p_i = p_i(\{P_i\}, \{Q_i\}, t) \quad (4.27\,\mathrm{b})$$

として p_i の関数形が決まる．これらを (4.26 c) の右辺に用いて，

$$\mathscr{H} = \mathscr{H}(\{Q_i\}, \{P_i\}, t) \qquad (4.27\,\text{c})$$

というように，新しいハミルトニアン $\mathscr{H}$ が $\{P_i\}, \{Q_i\}$ および時間 t の関数として決定される．一方，(4.27 a), (4.27 b) を逆変換することにより，新しい力学変数 $\{P_i\}, \{Q_i\}$ がもとの力学変数 $\{q_i\}, \{p_i\}$ と時間 t の関数として決定される．この $\{P_i\}, \{Q_i\}$ が正準共役変数であることは，(4.21), (4.22) のように，変分原理を用いたことで保証されている．こうして，目標とした新しい対称性をもつ変換 (4.18) へ至る手続きが得られた．

[**例題 4.4**] 1 次元調和振動子のハミルトニアンを $H = (1/2m)p^2 + (1/2)kq^2$ とするとき，次の $W(q, Q, t)$

（1） $W = qQ$ 　　（2） $W = \sqrt{mk}\, qQ$

による正準変換を求めよ．

[**解**] （1） (4.26) より，$P = -\partial W/\partial Q = -q$, $p = \partial W/\partial q = Q$ なので

$$Q = p, \qquad \mathscr{H} = \frac{1}{2m} Q^2 + \frac{1}{2} kP^2$$

（2） $P = -\sqrt{mk}\, q$, $p = \sqrt{mk}\, Q$ より

$$Q = \frac{1}{\sqrt{mk}}\, p, \qquad \mathscr{H} = \frac{1}{2m} P^2 + \frac{1}{2} kQ^2$$

§4.4 正準変換の形式と母関数

上に示したように，関数 W を一つ与えれば，正準変換が一つ生成されるので，W は**母関数**とよばれる．

初めて W を導入した (4.22) を見ると，関数 W を除けば右辺は $(\{q_i\}, \{\dot q_i\}, t)$，したがって変形すれば $(\{q_i\}, \{p_i\}, t)$ だけの，また左辺は同様に考えて $(\{Q_i\}, \{P_i\}, t)$ のみの関数である．だから，もし W が $(\{Q_i\}, \{P_i\})$ と t だけの関数ならば，一般には両辺は各々一つの定数となってしまい，(4.22) からは $(\{q_i\}, \{p_i\})$ の間だけの関係，$(\{Q_i\}, \{P_i\})$ の間だけの関係が求まるに

留まる.これでは,$(\{q_i\}, \{p_i\})$ から $(\{Q_i\}, \{P_i\})$ への(正準)変換(両者の間の関係)を求めるという目的は達せられない.W が $(\{q_i\}, \{p_i\})$ と t だけの関数のときも,移項すれば同じことである.逆にいうと,目的の(正準)変換が求まるためには,W は少なくとも $(\{q_i\}, \{p_i\})$ から一つ,$(\{Q_i\}, \{P_i\})$ から一つの力学変数を含む関数形をしていなければならない.上に求めた正準変換 (4.26) では,それが $\{q_i\}$, $\{Q_i\}$ であったということである.

ところで (4.18) の変換関係は,"組合せ自由な対称性"をもっていて,2つの力学変数を用いて残りの2つの力学変数を表すことのできる形をしている.$(\{q_i\}, \{p_i\})$ を $(\{Q_i\}, \{P_i\})$ に変換するほかに,たとえば,

$$P_i = P_i(\{q_i\}, \{Q_i\}, t), \qquad p_i = p_i(\{q_i\}, \{Q_i\}, t) \qquad (4.28)$$

のように $(\{q_i\}, \{Q_i\})$ を $(\{p_i\}, \{P_i\})$ に変換する独立変数の選び方も考えられる.実は §4.3 の **正準変換の方法** で述べたのは,(4.26 a), (4.26 b) からわかるように,この (4.28) の選び方によって変換を求め,その後で (4.27 a), (4.27 b) のように $(\{q_i\}, \{p_i\})$ の関数形を,したがって逆変換すれば $(\{Q_i\}, \{P_i\})$ への変換を求めた,ということである.

この4つの独立変数のもつ,"組合せ自由な対称性"を考えると,母関数 W の2つの独立変数として $(\{q_i\}, \{Q_i\})$ のみしか選べないのか,という疑問が残る.実際は,残り3組の選び方も入れて,

I. $\{q_i\}, \{Q_i\}$ II. $\{q_i\}, \{P_i\}$ III. $\{p_i\}, \{Q_i\}$ IV. $\{p_i\}, \{P_i\}$

の4組全部が正準変換を生成することを示すことができる.(4.26) からわかるように,I が上に述べた選び方の場合である.これを正準変換 I 型とよぶことにする.しかし,(4.24) のもつ特徴(右辺がどんな関数形をしているか)に合わせて,I 以外では W の表し方に工夫が必要である.その理由は,以下に示す具体的計算でわかる.

通常,次の母関数を用いている.

§4.4 正準変換の形式と母関数

$$\text{I 型} \quad W = W(\{q_i\}, \{Q_i\}, t) \tag{4.29 a}$$

$$\text{II 型} \quad W' = W(\{q_i\}, \{P_i\}, t) - \sum_{i=1}^{3N} P_i Q_i \tag{4.29 b}$$

$$\text{III 型} \quad W' = W(\{p_i\}, \{Q_i\}, t) + \sum_{i=1}^{3N} p_i q_i \tag{4.29 c}$$

$$\text{IV 型} \quad W' = W(\{p_i\}, \{P_i\}, t) + \sum_{i=1}^{3N} p_i q_i - \sum_{i=1}^{3N} P_i Q_i \tag{4.29 d}$$

II 型以下では，W' が (4.22), (4.24) の左辺の W に相当する ((4.24) の W に W' を代入するという意味)．

正準変換 II 型

(4.29 b) の II 型の母関数の場合の正準変換を求める．W' の時間に関する全微分は，

$$\frac{dW'}{dt} = \sum_i \frac{\partial W}{\partial q_i} \dot{q}_i + \sum_i \frac{\partial W}{\partial P_i} \dot{P}_i + \frac{\partial W}{\partial t} - \sum_i \dot{P}_i Q_i - \sum_i P_i \dot{Q}_i \tag{4.30}$$

これを (4.24) の右辺と比べることにより，

$$Q_i = \frac{\partial}{\partial P_i} W(\{q_i\}, \{P_i\}, t) \tag{4.31 a}$$

$$p_i = \frac{\partial}{\partial q_i} W(\{q_i\}, \{P_i\}, t) \tag{4.31 b}$$

$$\mathscr{H} = H(\{q_i\}, \{p_i\}, t) + \frac{\partial}{\partial t} W(\{q_i\}, \{P_i\}, t) \tag{4.31 c}$$

(4.31 a) より，

$$q_i = q_i(\{Q_i\}, \{P_i\}, t) \tag{4.32 a}$$

これと (4.31 b) より p_i の関数形が，

$$p_i = p_i(\{Q_i\}, \{P_i\}, t) \tag{4.32 b}$$

と決まり，これらを用いると (4.31 c) から，

$$\mathscr{H} = \mathscr{H}(\{Q_i\}, \{P_i\}, t) \tag{4.32 c}$$

表 4.1 正準変換公式（W' が (4.22), (4.24) の左辺の W に相当する）

形式	母関数形	母関数，変換関係式
I 型	$W(\{q_i\}, \{Q_i\}, t)$	$W' = W(\{q_i\}, \{Q_i\}, t)$
		$P_i = -\dfrac{\partial}{\partial Q_i} W(\{q_i\}, \{Q_i\}, t), \quad p_i = \dfrac{\partial}{\partial q_i} W(\{q_i\}, \{Q_i\}, t)$
		$\mathscr{H} = H(\{q_i\}, \{p_i\}, t) + \dfrac{\partial}{\partial t} W(\{q_i\}, \{Q_i\}, t)$
II 型	$W(\{q_i\}, \{P_i\}, t)$	$W' = W(\{q_i\}, \{P_i\}, t) - \sum_{i=1}^{3N} P_i Q_i$
		$Q_i = \dfrac{\partial}{\partial P_i} W(\{q_i\}, \{P_i\}, t), \quad p_i = \dfrac{\partial}{\partial q_i} W(\{q_i\}, \{P_i\}, t)$
		$\mathscr{H} = H(\{q_i\}, \{p_i\}, t) + \dfrac{\partial}{\partial t} W(\{q_i\}, \{P_i\}, t)$
III 型	$W(\{p_i\}, \{Q_i\}, t)$	$W' = W(\{p_i\}, \{Q_i\}, t) + \sum_{i=1}^{3N} p_i q_i$
		$q_i = -\dfrac{\partial}{\partial p_i} W(\{p_i\}, \{Q_i\}, t), \quad P_i = -\dfrac{\partial}{\partial Q_i} W(\{p_i\}, \{Q_i\}, t)$
		$\mathscr{H} = H(\{q_i\}, \{p_i\}, t) + \dfrac{\partial}{\partial t} W(\{p_i\}, \{Q_i\}, t)$
IV 型	$W(\{p_i\}, \{P_i\}, t)$	$W' = W(\{p_i\}, \{P_i\}, t) + \sum_{i=1}^{3N} p_i q_i - \sum_{i=1}^{3N} P_i Q_i$
		$q_i = -\dfrac{\partial}{\partial p_i} W(\{p_i\}, \{P_i\}, t), \quad Q_i = \dfrac{\partial}{\partial P_i} W(\{p_i\}, \{P_i\}, t)$
		$\mathscr{H} = H(\{q_i\}, \{p_i\}, t) + \dfrac{\partial}{\partial t} W(\{p_i\}, \{P_i\}, t)$

と新しいハミルトニアンが求まる．$W(\{q_i\}, \{P_i\}, t)$ が与えられれば，(4.32a), (4.32b) の逆変換より，$(\{q_i\}, \{p_i\})$ から $(\{Q_i\}, \{P_i\})$ への正準変換が求められることになる．

W' (4.29b) の最後の項 $-\sum_{i=1}^{3N} P_i Q_i$ は，(4.24) の第2項の処理（打ち消すため）に対応して導入されていることがわかる．これが，先に (4.29) の上で述べたことである．

変換 III, IV 型の母関数に対応した正準変換は，上と同様にして求められる．表 4.1 に，I 型から IV 型までの正準変換の関係式をまとめてある．

［例題 4.5］ 電磁場のハミルトニアンは $H = (1/2m)(\boldsymbol{p} - e\boldsymbol{A})^2 + e\varphi$ である．正準変換 $(q, p) \to (\boldsymbol{Q}, \boldsymbol{P})$ の母関数を $W(\boldsymbol{q}, \boldsymbol{P}, t) = \boldsymbol{q}\cdot\boldsymbol{P} + ef(\boldsymbol{q}, t)$

とする変換は，電場 $\boldsymbol{E} = -\nabla\varphi - \partial\boldsymbol{A}/\partial t$ と磁束密度 $\boldsymbol{B} = \nabla \times \boldsymbol{A}$ を不変に保つ変換であることを示せ．この変換は**ゲージ変換**とよばれる．

[解] 正準変換 II を用いる．

$$\boldsymbol{p} = \nabla_q W = \boldsymbol{P} + e\,\nabla_q f(\boldsymbol{q},\,t), \qquad \boldsymbol{Q} = \nabla_P W = \boldsymbol{q}$$

$$\mathscr{H}(Q,\,P) = H(q,\,p) + \frac{\partial W}{\partial t} = \frac{1}{2m}(\boldsymbol{p} - e\boldsymbol{A})^2 + e\varphi + e\frac{\partial f}{\partial t}$$

$$= \frac{1}{2m}\{\boldsymbol{P} - e(\boldsymbol{A} - \nabla_q f)\}^2 + e\left(\varphi + \frac{\partial f}{\partial t}\right)$$

いま，$\boldsymbol{A} - \nabla_q f = \boldsymbol{A}'$，$\varphi + \partial f/\partial t = \varphi'$ とおくと $\mathscr{H}(Q,\,P) = (1/2m)(\boldsymbol{P} - e\boldsymbol{A}')^2 + e\varphi'$．$\varphi'$, $\boldsymbol{A}'$ により生じる電場と磁束密度を求めると ($\nabla_q = \nabla$)，

$$\boldsymbol{E}' = -\left(\nabla\varphi' + \frac{\partial \boldsymbol{A}'}{\partial t}\right) = -\left(\nabla\varphi + \frac{\partial \boldsymbol{A}}{\partial t}\right) = \boldsymbol{E}$$

$$\boldsymbol{B}' = \nabla \times \boldsymbol{A}' = \nabla \times (\boldsymbol{A} - \nabla f)$$

$$= \nabla \times \boldsymbol{A} - \nabla \times \nabla f = \nabla \times \boldsymbol{A} = \boldsymbol{B} \qquad (\because\ \nabla \times \nabla f = 0)$$

となり，電場 $\boldsymbol{E}$ と磁束密度 $\boldsymbol{B}$ は不変に保たれる変換となっていることがわかる．

§4.5　正準変換不変量

正準変換後の正準変数 $Q_i = Q_i(\{q_i\},\,\{p_i\},\,t)$, $P_i = P_i(\{q_i\},\,\{p_i\},\,t)$ を，(3.25) で定義した運動に関する力学的物理量 F と見なしてみよう．F は力学的物理量の運動方程式 (3.28) を満たしたので，Q_i, P_i に関して次の式が得られる．

$$\dot{Q}_i = \frac{\partial Q_i}{\partial t} + [Q_i,\,H]_{qp}, \qquad \dot{P}_i = \frac{\partial P_i}{\partial t} + [P_i,\,H]_{qp} \quad (4.33)$$

一方，$\{Q_i\}$, $\{P_i\}$ はハミルトニアンを $\mathscr{H} = \mathscr{H}(\{Q_i\},\,\{P_i\},\,t)$ とする系の正準共役変数なので，正準変換の条件式 (4.19)，したがって，ハミルトンの正準方程式 (3.34) と同形の次の関係を満たす．

$$\dot{Q}_i = [Q_i,\,\mathscr{H}]_{QP} = \frac{\partial \mathscr{H}}{\partial P_i}, \qquad \dot{P}_i = [P_i,\,\mathscr{H}]_{QP} = -\frac{\partial \mathscr{H}}{\partial Q_i} \quad (4.34)$$

正準変換に当っては，4つの母関数の選び方があることを前節で示した．

ここで，正準変換Ⅰの場合 $W = W(\{q_i\}, \{Q_i\}, t)$ を採用してみよう．そのときの (4.26 c) を (4.33) に用いてハミルトニアン H を $\mathscr{H}$ で書き換えると，第1式は

$$\dot{Q}_i = \frac{\partial Q_i}{\partial t} + [Q_i, \mathscr{H}]_{qp} - \left[Q_i, \frac{\partial W}{\partial t}\right]_{qp} \tag{4.35}$$

この右辺の最後の項は

$$\left[Q_i, \frac{\partial W}{\partial t}\right]_{qp} = \sum_k \left(\frac{\partial Q_i}{\partial q_k}\frac{\partial}{\partial t}\frac{\partial W}{\partial p_k} - \frac{\partial Q_i}{\partial p_k}\frac{\partial}{\partial t}\frac{\partial W}{\partial q_k}\right)$$

$$= -\sum_k \frac{\partial Q_i}{\partial p_k}\frac{\partial}{\partial t}\frac{\partial W}{\partial q_k} \tag{4.36}$$

この最右辺に (4.26 b) を用いると

$$\left[Q_i, \frac{\partial W}{\partial t}\right]_{qp} = -\sum_k \frac{\partial Q_i}{\partial p_k}\frac{\partial p_k}{\partial t} = \frac{\partial Q_i}{\partial t} \tag{4.37}$$

となり，(4.35) は結局

$$\dot{Q}_i = [Q_i, \mathscr{H}]_{qp} \tag{4.38}$$

これを正準変換の条件式 (4.34) の第1式と比べると，次の関係式が得られる．

$$[Q_i, \mathscr{H}]_{qp} = [Q_i, \mathscr{H}]_{QP} \tag{4.39 a}$$

ポアッソン括弧式の偏微分変数の違いに注意する．同様な計算を (4.33) の第2式について行うと，次の関係式が得られる．

$$[P_i, \mathscr{H}]_{qp} = [P_i, \mathscr{H}]_{QP} \tag{4.39 b}$$

実は，P_i, Q_i, $\mathscr{H}$ に限らず，任意の力学的物理量 F, G について，

$$[F, G]_{qp} = [F, G]_{QP} \tag{4.40}$$

が成り立つことを示すことができる (演習問題 [7])．この性質は，「ポアッソン括弧が正準変換に対して不変な形を保つ」，あるいは「**ポアッソン括弧は正準不変量である**」ということができる．

§4.6 正準変換の必要十分条件

前節で

$(\{q_i\}, \{p_i\})$ から $(\{Q_i\}, \{P_i\})$ への変換が正準変換であれば

$((4.19),$ したがって (4.34) が成り立てば$)$，ポアッソン括弧

は不変に保たれる $((4.40)$ が成り立つ$)$

ことがわかった．逆に，(4.40) が成り立てば，どんなことがわかるだろうか．
$Q_i = Q_i(\{q_i\}, \{p_i\}, t)$，$P_i = P_i(\{q_i\}, \{p_i\}, t)$ を単なる力学的物理量 F の一つと見なすと，(4.33) の $\dot{Q}_i = \partial Q_i/\partial t + [Q_i, H]_{qp}$ が成り立つ．この式のポアッソン括弧は

$$[Q_i, H]_{qp} = \sum_k \left(\frac{\partial Q_i}{\partial q_k} \frac{\partial H}{\partial p_k} - \frac{\partial Q_i}{\partial p_k} \frac{\partial H}{\partial q_k} \right) \tag{4.41}$$

ここで $(\{Q_i\}, \{P_i\})$ が $(\{q_i\}, \{p_i\})$ からの正準変換として，たとえば正準変換 I の場合を用いてみる．$H = \mathscr{H} - \partial W/\partial t$ を (4.41) に代入して

$$[Q_i, H]_{qp} = \sum_k \left(\frac{\partial Q_i}{\partial q_k} \frac{\partial \mathscr{H}}{\partial p_k} - \frac{\partial Q_i}{\partial p_k} \frac{\partial \mathscr{H}}{\partial q_k} \right) - \left[Q_i, \frac{\partial W}{\partial t} \right]_{qp} \tag{4.42}$$

右辺第 1 項の $\mathscr{H}$ の偏微分は

$$\frac{\partial \mathscr{H}}{\partial p_k} = \sum_j \left(\frac{\partial \mathscr{H}}{\partial Q_j} \frac{\partial Q_j}{\partial p_k} + \frac{\partial \mathscr{H}}{\partial P_j} \frac{\partial P_j}{\partial p_k} \right), \quad \frac{\partial \mathscr{H}}{\partial q_k} = \sum_j \left(\frac{\partial \mathscr{H}}{\partial Q_j} \frac{\partial Q_j}{\partial q_k} + \frac{\partial \mathscr{H}}{\partial P_j} \frac{\partial P_j}{\partial q_k} \right)$$

$$\tag{4.43 a}$$

また，

$$[Q_i, Q_j]_{qp} = 0 \tag{4.43 b}$$

が示せるので (演習問題 [8])，これらを (4.42) へ代入し，(4.37) を用いると

$$[Q_i, H]_{qp} = \sum_j \frac{\partial \mathscr{H}}{\partial P_j} [Q_i, P_j]_{qp} - \frac{\partial Q_i}{\partial t} \tag{4.44}$$

これを (4.33) に代入すると

$$\dot{Q}_i = \sum_j \frac{\partial \mathscr{H}}{\partial P_j} [Q_i, P_j]_{qp} \tag{4.45}$$

ここで，もし (4.40) が成り立てば

$$[Q_i, P_j]_{qp} = [Q_i, P_j]_{QP} = \delta_{ij} \tag{4.46}$$

となるので

$$\dot{Q}_i = \frac{\partial \mathscr{H}}{\partial P_i} \tag{4.47 a}$$

同様な計算から次が得られる．

$$\dot{P}_i = -\frac{\partial \mathscr{H}}{\partial Q_i} \tag{4.47 b}$$

得られた (4.47) は，ハミルトンの正準方程式になっていて，結局，

　　ポアッソン括弧が正準変換に対して形を不変に保てば

　　((4.40) であれば)，変換後もハミルトンの正準方程式の形は

　　不変に保たれる ((4.47) 式)

ことがわかった．したがって，「ポアッソン括弧の正準変換不変性は，($\{q_i\}$, $\{p_i\}$) から ($\{Q_i\}$, $\{P_i\}$) への変換が**正準変換であるための必要十分条件**である」といってよい．

また，(4.46) と同じく次の関係が得られる (演習問題 [8])．

$$[Q_i, Q_j]_{qp} = [Q_i, Q_j]_{QP} = 0, \qquad [P_i, P_j]_{qp} = [P_i, P_j]_{QP} = 0 \tag{4.48}$$

Q_i, P_i のポアッソン括弧の関係 (4.46) は，§4.1 で述べたリウヴィルの定理に出てきた関係 (4.11) と同じものになっている．そこでは (Q_i, P_i) は，法則に従って時間発展していく運動が作り出す位相空間内の軌跡上の代表点であった．そして (4.11) の関係 (ヤコビアン $J = 1$) があるために，リウヴィルの定理が成り立った．したがって，「位相空間内の新しい代表点 (Q_i, P_i) は，古い代表点 (q_i, p_i) から正準変換によって生成される」といい表すことができ，「位相空間内の軌跡は連続的正準変換によって形成される」といってもよいことがわかる．

演習問題

［1］ (4.22)であっても，ハミルトンの変分原理が成り立つことを示せ．

［2］ 1次元調和振動子の問題を，母関数 $W(q, Q) = (q^2/2)\cot Q$ により正準変換を用いて解け．

［3］ 減衰振動の方程式 $m\ddot{q} + m\omega^2 q + 2m\mu\dot{q} = 0$ は，母関数 $W(q, P, t) = qPe^{\mu t}$ による正準変換によって，

　（1） 単振動型になることを示せ．

　（2） （1）より，減衰振動の解を求めよ．

［4］ 正準共役変数のデカルト座標表示 ($\{q_i\}, \{p_i\}$) と極座標表示 ($\{Q_i\}, \{P_i\}$) の間の関係は，母関数 $W = W(\{p_i\}, \{Q_i\}) = -(p_x r\sin\theta\cos\phi + p_y r\sin\theta\sin\phi + p_z r\cos\theta)$ による正準変換で与えられることを示せ．

［5］ 次の正準変換前後の変数の関係式を示せ．

　（1） $\dfrac{\partial P_j}{\partial q_i} = -\dfrac{\partial p_i}{\partial Q_j}$　　（2） $\dfrac{\partial Q_j}{\partial q_i} = \dfrac{\partial p_i}{\partial P_j}$　　（3） $\dfrac{\partial P_j}{\partial p_i} = \dfrac{\partial q_i}{\partial Q_j}$

　（4） $\dfrac{\partial Q_j}{\partial p_i} = -\dfrac{\partial q_i}{\partial P_j}$

［6］ リウヴィルの定理の一般的な場合 (4.14) を証明せよ．

［7］ ポアッソン括弧の正準変換不変性 (4.40) を証明せよ．

［8］ 次を示せ．

　（1） $[Q_i, Q_j]_{qp} = 0$

　（2） $[P_i, P_j]_{qp} = 0$

　（3） $[Q_i, P_j]_{qp} = \delta_{ij}$

力学変数の抽象化，量子論への道

　本章の［例題 4.4］，演習問題［2］で見たように，正準変換によって調和振動子のハミルトニアンは，座標と運動量が入れ替わったり，P のみで表されたりするようなことが起きた．こうなると，一般化座標と運動量という力学変数は，従来の"座標"とか"運動量"とよんできた力学変数とは，あまりにもかけ離れたものになってくる．"どんな座標系を選んだことになっているか？"，という問いかけは，もはや意味をなさない．高度に抽象的な"座標"，"運動量"となっている．

　このように正準変換は，それまでの力学の学問分野にはなかった二つの特徴的要素をこの研究分野にもち込んだことになる．一つは，正準変換をうまく選ぶことによって，力学の問題がより簡単に解ける可能性が出てきたという点である．もう一つは，座標や運動量といった力学変数の概念が，現実に即して認識してきたものから抽象的変数へと広がり，力学理論体系の内容が豊富にかつ多様性・普遍性を帯びてきたことである．いずれも解析的に力学の問題を解く定式化の発展であり，一般化座標・運動量という普遍化への概念を導入し発展させたラグランジュ（1736 - 1813）の業績によるものであった．

　力学の学問的深まりはハミルトン（1805 - 1865）に引き継がれ，次章ではハミルトニアンがゼロとなる正準変換にまで極限化され，やがて量子力学という，それまでの力学とは異質で根本的に異なる新しい力学の入口を開く道具を与える役割を果たすことになる．そしてそこに待っていたのがシュレーディンガー（1887 - 1961）であったことを第 6 章で知ることになる．

5 量子力学への導入

　力学の問題を解析的に解く2つの定式化であるラグランジュ形式とハミルトン形式は，問題を解く利便性の域にとどまらず，力学を理論体系化するまでに発展した．力学変数を一般化座標と一般化運動量という概念でとらえ直し，ポアッソン括弧式で表される正準共役変数の対のもつ性質も明らかにされた．前章で述べたように，異なる正準変数系の間の変換理論である正準変換も確立された．

　本章では，一つの極限的な正準変換から「ハミルトン‐ヤコビの偏微分方程式」とよばれる式を導く．この式は次章で述べるように，力学理論を量子力学の基礎方程式へと導く発端の役割を果たすことになる．またこの章では，ある種の正準変換によって生成される新しい正準共役変数について，作用変数と角変数を定義し，これを用いて量子化への導入が行われてきたことを示す．

§5.1　ハミルトン‐ヤコビの偏微分方程式

　正準変換によって，$\{q_i\}$, $\{p_i\}$, $H(\{q_i\}, \{p_i\}, t)$ から $\{Q_i\}$, $\{P_i\}$, $\mathscr{H}(\{Q_i\}, \{P_i\}, t)$ への変換を行った結果，$\mathscr{H}(\{Q_i\}, \{P_i\}, t) = 0$ となる極端な変換ができたとしてみよう．このときは，新しい力学変数の満たすハミルトンの正準方程式は

$$\dot{P}_i = -\frac{\partial \mathscr{H}}{\partial Q_i} = 0 \quad \rightarrow \quad P_i = \alpha_i (=一定) \qquad (5.1\,\text{a})$$

$$\dot{Q}_i = \frac{\partial \mathscr{H}}{\partial P_i} = 0 \quad \rightarrow \quad Q_i = \beta_i (=一定) \qquad (5.1\,\text{b})$$

となるので，$\{Q_i\}$, $\{P_i\}$ は定数となる．この変換を用いて，もとの $\{q_i\}$, $\{p_i\}$

を求めてみよう．このときの母関数がどうなるかも興味がある．ここでは，たとえば§4.4 の正準変換 II を用いることにする．

(4.31) から

$$\beta_i = \frac{\partial}{\partial \alpha_i} W(\{q_i\}, \{\alpha_i\}, t) \tag{5.2a}$$

$$p_i = \frac{\partial}{\partial q_i} W(\{q_i\}, \{\alpha_i\}, t) \tag{5.2b}$$

$$\mathcal{H} = H(\{q_i\}, \{p_i\}, t) + \frac{\partial}{\partial t} W(\{q_i\}, \{\alpha_i\}, t)$$

$$= H\left(\{q_i\}, \left\{\frac{\partial W}{\partial q_i}\right\}, t\right) + \frac{\partial}{\partial t} W(\{q_i\}, \{\alpha_i\}, t) = 0 \tag{5.2c}$$

となる．(5.2a) の β_i は，時間 t に依存して，(5.1b) と矛盾するように見えるが，あくまでも (5.1b) が強い条件であり，これについては後で触れることにする ((5.10a) 参照)．

母関数 W は，独立変数を $\{q_i\}$ と t とする偏微分方程式 (5.2c) の最後の式

$$\frac{\partial}{\partial t} W(\{q_i\}, \{\alpha_i\}, t) + H\left(\{q_i\}, \left\{\frac{\partial W}{\partial q_i}\right\}, t\right) = 0 \tag{5.3}$$

の解として求まることになる．この式は**ハミルトン‐ヤコビの偏微分方程式**，$W(\{q_i\}, \{\alpha_i\}, t)$ は**ハミルトンの主関数**とよばれる．

以下では，ハミルトニアン **H** が時間を陽に含まない場合に (5.3) を解き，(5.1) の $\{\alpha_i\}, \{\beta_i\}$ を求める．この節の目的は，その結果から $\{q_i\}, \{p_i\}$ を求めることである．

H が t に依存しないと，(5.3) の第 2 項は時間に関して定数となるので，W は t の 1 次式で表されることになる．

$$W(\{q_i\}, \{\alpha_i\}, t) = at + S \quad (S \text{ は } t \text{ に陽に依存しない}) \tag{5.4}$$

a は (5.3) へ代入して

§5.1 ハミルトン-ヤコビの偏微分方程式

$$a = -H\left(\{q_i\}, \left\{\frac{\partial W}{\partial q_i}\right\}\right) = -E \tag{5.5}$$

E は運動の初期条件で決まる全力学的エネルギーで，運動の恒量であり，a はその初期条件で決まる定数である．(5.4) を (5.5) に用いて q_i で積分することにより，S は次の手続きで求まる．

$$H\left(\{q_i\}, \left\{\frac{\partial S}{\partial q_i}\right\}\right) = E \quad \rightarrow \quad S = S(\{q_i\}, \{c_i\}; E) \tag{5.6}$$

ここに $\{c_i\}$ は，q_i で積分するときの積分定数で初期条件に関係する．E も初期条件に関係し，したがって $\{c_i\}$ と関係するのでこれを次のように表しておく．

$$E = E(\{c_i\}) \tag{5.7}$$

これらのことから，(5.6) の S は次の関数形となることがわかる．

$$S = S(\{q_i\}, \{c_i\}) \tag{5.8}$$

したがって，S の定義である (5.4) に立ち返ると，$\{c_i\}$ は $\{a_i\}$ のことで，(5.6) の積分定数に相当していることがわかり

$$S = S(\{q_i\}, \{a_i\}) \tag{5.9a}$$

また (5.5), (5.7) から

$$a = -E(\{a_i\}) = a(\{a_i\}) \tag{5.9b}$$

(5.2a), (5.2b) に (5.4) と (5.9a), (5.9b) を代入すると

$$\beta_i = -\frac{\partial}{\partial a_i} E(\{a_i\})\, t + \frac{\partial}{\partial a_i} S(\{q_i\}, \{a_i\}) \tag{5.10a}$$

$$p_i = \frac{\partial}{\partial q_i} S(\{q_i\}, \{a_i\}) \tag{5.10b}$$

ここで β_i は，時間 t を陽に含み，(5.1b) の条件に抵触するように見えるが，"S に含まれる $\{q_i\}$ の時間依存性を含めて，β_i が定数" となる条件で解いていくことになる．

以上をまとめると，次の通りである．エネルギー保存則が成り立つ力学系の，力学変数 $\{q_i\}$, $\{p_i\}$ を求めるに当たって，一旦，系を正準変換して $\{Q_i\}$,

$\{P_i\}$ に移し,最も簡単な解 $P_i = \alpha_i =$ 定数,$Q_i = \beta_i =$ 定数 を求めることにした.α_i は (5.6) を積分して $S = S(\{q_i\}, \{\alpha_i\})$ を求める際の積分定数 (初期条件) の設定から決まる.系の全力学的エネルギー $E(\{\alpha_i\})$ も,初期条件の設定から決まる.(5.6) から S を求め,これと E を (5.10 a) に用いて β_i を $\beta_i = \beta_i(\{q_i\}, \{\alpha_i\}, t)$ として求める.これを逆に解いて

$$q_i = q_i(\{\alpha_i\}, \{\beta_i\}, t) \tag{5.11 a}$$

これを (5.10 b) に代入して

$$p_i = p_i(\{\alpha_i\}, \{\beta_i\}, t) \tag{5.11 b}$$

こうして,$\{q_i\}, \{p_i\}$ を求める目的が達成されることになる.なお,正準変換の母関数 (の一部) W は,$\alpha = -E(\{\alpha_i\})$,$S = S(\{q_i\}, \{\alpha_i\})$ が求まった時点で,(5.4) として求まる.以上のことを次の例題で見てみる.

[**例題 5.1**] 1 次元の調和振動子の運動をハミルトン‐ヤコビの偏微分方程式により解け.

[**解**] ハミルトニアンを $H(q, p) = (1/2m)p^2 + (1/2)m\omega^2 q^2 = E$ とし,まず $S = S(\{q_i\}, \{\alpha_i\})$ を求めるために (5.10 b) を H に代入して,

$$\frac{1}{2m}\left(\frac{dS}{dq}\right)^2 + \frac{1}{2}m\omega^2 q^2 = E$$

これより

$$S = \pm \int \sqrt{2mE - m^2\omega^2 q^2}\, dq$$

一方,(5.8) の下で説明した積分定数 $\{\alpha_i\} = \alpha_i$ (1 次元) $= \alpha$ を初期条件の全力学的エネルギー E に選ぶと,(5.10 a) から

$$\beta_1 = \beta = -t + \frac{\partial S}{\partial E} \tag{a}$$

上の S を代入して

$$\beta + t = \frac{\partial S}{\partial E} = \pm\, m \int \frac{1}{\sqrt{2mE - m^2\omega^2 q^2}}\, dq$$

$$= \pm \frac{1}{\omega} \sin^{-1} \sqrt{\frac{m\omega^2}{2E}}\, q \tag{b}$$

これを逆に解いて

$$q = \pm \sqrt{\frac{2E}{m\omega^2}} \sin(\omega t + \omega\beta)$$

と単振動の解が得られる．また，(5.10 b) より

$$p = \frac{\partial S}{\partial q} = \pm \sqrt{2mE - m^2\omega^2 q^2} = \pm \sqrt{2mE} \cos(\omega t + \omega\beta)$$

と求まり，これは $m\dot{q}$ に等しくなっていることがわかる．

このときの母関数（ハミルトンの主関数）は (5.4) より

$$W(q, P, t) = W(q, \alpha = E, t) = S(q, \alpha = E) - Et$$
$$= \pm \int \sqrt{2mE - m^2\omega^2 q^2}\, dq - Et \quad \text{(c)}$$

(5.2 c), (5.4) から $\mathscr{H}(Q, P) = H(q, p) + \partial W/\partial t = E - E = 0$ と確かにゼロになっている．また Q はもとの (4.31 a) に立ち返ってみると

$$Q = \frac{\partial W}{\partial P}$$
$$= \frac{\partial W}{\partial E} \qquad (P = \alpha = E \text{ より})$$
$$= \frac{\partial S}{\partial E} - t \qquad ((\text{c}) \text{ より})$$
$$= (\beta + t) - t \qquad ((\text{b}) \text{ より})$$
$$= \beta$$

となり，Q は確かに β となって，(5.1 b) に一致し，振動の初期位相を与える．

§5.2 正準共役変換と前期量子論

上に述べたハミルトン–ヤコビの偏微分方程式 (5.3) が導かれる場合の正準変換は，新しいハミルトニアンが，$\mathscr{H}(\{Q_k\}, \{P_k\}) = 0$ となる極めて特殊な変換の場合であった．しかし導かれた方程式 (5.3) は，次章で述べるように，量子力学への入り口を与える波動方程式としての性質をもち，シュレーディンガー方程式を生み出す基礎方程式の役割へと，その重要性を増していく．

5. 量子力学への導入

以下，この節では水素原子の電子の運動のような，周期的回転運動の記述に適した正準変換を行うことにより，解析力学が古典力学から量子力学への橋渡しをする具体的な例を見ることにしよう．

ここまでの正準変換の母関数 W は，(5.4) の形をしていた．以下では，(5.10 a) を満たし時間には陽に依存しないが，(5.10) の下で述べたように $\{q_i\}$ を通しては時間に依存する $S = S(\{q_i\}, \{\alpha_i\})$ そのものが母関数となるような変換を考える．上では，II 型の正準変換の直接の結果，(5.2) は (5.10) のように求まった．ここでの新しい変換では $W \to S$ により，(5.2) は (5.10) から変更を受けて次のようになる．

(4.31) と (5.10 a) から

$$Q_i = \frac{\partial}{\partial \alpha_i} S(\{q_i\}, \{\alpha_i\}) = \beta_i + \frac{\partial}{\partial \alpha_i} E(\{\alpha_i\}) \, t \qquad (5.12\text{ a})$$

$$p_i = \frac{\partial}{\partial q_i} S(\{q_i\}, \{\alpha_i\}) \qquad (5.12\text{ b})$$

$$\mathscr{H} = H(\{q_i\}, \{p_i\}) \qquad (5.12\text{ c})$$

今度は $\mathscr{H}$ がゼロになることは前提としない．正準変換後の正準共役変数 P_i, Q_i のうち

$$\dot{Q}_i = \frac{\partial \mathscr{H}}{\partial P_i} = \frac{\partial E}{\partial \alpha_i} \quad ; \quad P_i = \alpha_i \quad (\text{定数}) \qquad (5.13)$$

と P_i は前と同じく保存量で，Q_i だけが (5.12 a) のように (5.1 b) から変更を受ける．P_i を運動の恒量とするので，共役変数の相手である Q_i は循環座標（$\mathscr{H}$ に含まれない変数）になる変換を行うことになる．

$S = S(\{q_i\}, \{\alpha_i\})$ を時間で微分すると，(5.12 b) より

$$\frac{d}{dt} S(\{q_i\}, \{\alpha_i\}) = \sum_k \frac{\partial S}{\partial q_k} \frac{dq_k}{dt} = \sum_k p_k \frac{dq_k}{dt} \qquad (5.14)$$

となるので，この変換の母関数 S は

$$S = \sum_k \int_q p_k \, dq_k \qquad (5.15)$$

のように位相空間での p_i の，これと共役な正準変数 q_i での積分によって与

§5.2 正準共役変換と前期量子論

えられることになる．

以下，ここでは物理的に見通しの良い1次元の場合に限って進めていくことにし，$\partial E/\partial \alpha = \omega$ とおき，α の代わりに $P(=$ 一定$)$ を用いる．$Q_i = Q$ は (5.12 a), (5.15) から

$$Q = \frac{\partial}{\partial P} \int_q p(q, P) \, dq = \beta + \omega t \tag{5.16}$$

いま，周期的回転運動を例に考えて，その周期を T とし，Q の1周期にわたる変化量を求めると

$$Q(t+T) - Q(t) = \frac{\partial}{\partial P} \oint p(q, P) \, dq = \omega T \tag{5.17}$$

積分は (q, p) の位相空間内の Q の1周期の運動に対応する軌跡に沿った線積分を意味する．

ω に角速度（角振動数）という物理的意味をもたせると，$\omega T = 2\pi$ となり，(5.17) の線積分値 $\oint p(q, P) \, dq$ は $2\pi P$ にならなければならない．すなわち

$$J = \frac{1}{2\pi} \oint p(q, P) \, dq \tag{5.18}$$

を定義すると，P（すなわち正準変換後の変数 Q (5.16) に共役な一般化運動量）は，上の積分 J として求まることがわかる．J は，1組の正準共役変数 (q, p) の作る位相空間の軌跡の1周期にわたる積分値として定義され，**作用変数**とよばれる．作用変数の次元は $[\text{ML}^2\text{T}^{-1}]$ で，角運動量や「エネルギー×時間」と同じで，1900年にプランクによって導入されることになった普遍定数 h（プランク定数，作用量子）と同じ次元をもつ（演習問題 [2]）ことは興味深い．$Q = \beta + \omega t$ は周期運動の角度という意味をもつので，**角変数**とよばれる．ここでは作用変数 $J(=P=\alpha)$ が運動の恒量になる（ような正準変換が存在する）場合があることを示した．では，どんな場合なのか，具体的な例を次の節で見てみよう．

§5.3 水素原子の前期量子論

水素原子に束縛されている電子の運動を,図 5.1 のように中心の陽子 p^+ と電子 e^- の間に作用するクーロン力の下での円運動として極座標で表す.

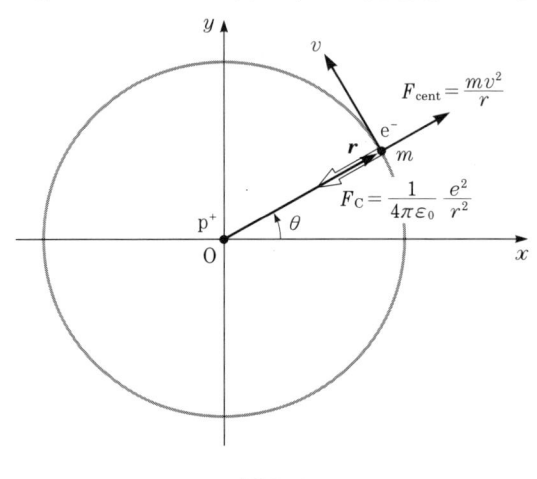

図 5.1

(q, p) として q に角度 θ を選ぶと,(1.43) から

$$q_\theta = \theta, \qquad p_\theta = mr^2\dot\theta = mr^2\omega \tag{5.19}$$

作用変数 J は

$$J = \frac{1}{2\pi}\oint p_\theta\,d\theta = \frac{1}{2\pi}\int_0^{2\pi} mr^2\omega\,d\theta = mr^2\omega \tag{5.20}$$

となり,この場合は J(したがって P)は軌道角運動量 L になっていることがわかる.電子は中心力の下で運動しているので,軌道角運動量は保存される.前節で指摘した作用変数の保存;$J = P(=\alpha=$ 一定$)$ は,水素原子の電子の円運動における軌道角運動量の保存に対応していることがわかる.

ボーアは,1913 年に水素原子模型の理論を発表した.図 5.1 に示したように,電子が原子核(陽子)からクーロン引力を受けて円運動を行うとすると,電子の全力学的エネルギー E は軌道半径 r の関数として次のように与

§5.3 水素原子の前期量子論

えられる(演習問題[3]).

$$E(r) = -\frac{1}{4\pi\varepsilon_0}\frac{e^2}{2r} \tag{5.21}$$

エネルギーの基準は, $r \to \infty$ (束縛と自由電子の境目) でゼロにとったので, E のマイナス符号は, 電子がクーロン引力のポテンシャル $U_C(r)$ に束縛されいることを意味する (図 5.2 参照). $T = E - U_C$ から求まる運動エネルギー $T(r)$ も示されている. (5.21) のエネルギー値を, 水素原子から放射される X 線のエネルギーの測定値から求めた束縛エネルギー E_n と比較することにより, 対応する電子の軌道半径 r_n を知ることができる.

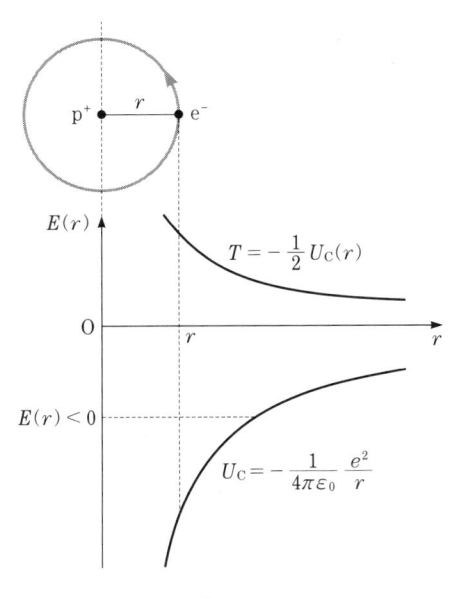

図 5.2

[**例題 5.2**] 水素原子が最も安定な状態 (基底状態) にあるときの電子の束縛エネルギーは $-13.6\,\text{eV}$ である. このときの電子の円運動の軌道半径はいくらか.

[**解**] (5.21) は

$$E(r) = -\frac{1}{4\pi\varepsilon_0}\frac{e^2}{2r} = -\frac{1}{4\pi\varepsilon_0}\frac{e^2}{\hbar c}\hbar c\frac{1}{2r} = -\frac{1}{137}\times 197\,\text{MeV·fm}\times\frac{1}{2r}$$
$$= -13.6\,\text{eV}$$

$1\,\text{MeV} = 10^6\,\text{eV}$, $1\,\text{fm} = 10^{-15}\,\text{m}$ より, $r = 5.29\times 10^{-11}\,\text{m}$. $\hbar = h/2\pi$ (ディラックの h). この r はボーア半径とよばれ, 電子の質量を m として

$$a_0 = 4\pi\varepsilon_0\frac{\hbar^2}{me^2} = \left(\frac{1}{4\pi\varepsilon_0}\frac{e^2}{\hbar c}\right)^{-1}\frac{\hbar c}{mc^2} = 137\times\frac{197\,\text{MeV·fm}}{0.511\,\text{MeV}} = 5.29\times 10^{-11}\,\text{m}$$

に等しくなっている（[例題 5.3] 参照）．

ところで，この水素原子模型には大きな問題点があることをボーアももちろん知っていた．それは，電荷をもつ電子が円運動という加速度運動を行うと，電磁気学で知られているように電子は電磁波を放射し，これにともなって軌道半径が連続的に小さくなって，電子は円運動の中心へ落ち込んでいくため，特定の軌道半径 r_n に電子が留まることはあり得ないという点であった（演習問題[4]）．

この困難を避けるため 1913 年にボーアは，「微視的原子の世界では連続的ではない"とびとびの"軌道半径 r_n の回転運動しか実現されず，しかも軌道が決まれば電子は（古典）電磁気学的な電磁波を放射することなく，その軌道に留まる」という仮説を提唱した．これを**定常状態に関するボーアの仮説**とよぶことにする．ボーアは水素原子の放射する X 線スペクトルの分析から，電子のとり得る軌道半径は，次のように「電子のもつ軌道角運動量 L_n が $\hbar = h/2\pi$ の整数倍になる」という条件から決まることを見出した．

$$L_n = n\frac{h}{2\pi} = n\hbar \qquad (n = 1, 2, 3, \cdots) \tag{5.22}$$

このことは，作用変数 (5.20) が軌道角運動量となるので

$$J_\theta = \frac{1}{2\pi}\oint p_\theta\, dq_\theta = n_\theta \hbar \qquad (n_\theta = 1, 2, 3, \cdots) \tag{5.23}$$

となる軌道運動しか許されないといってもよい．角運動量（保存量）がとびとびの値しかとり得ないこの条件は**量子化条件**とよばれ，量子力学の現象を記述する上での量子化の手続きが得られたことになる．

[**例題 5.3**] 水素原子が最も小さい軌道角運動量状態（基底状態，$n = 1$）にあるときの電子の円運動の軌道半径を求めよ（図 5.1，5.2 参照）．

[**解**] 電子に作用する遠心力 mv^2/r とクーロン引力の強さ $(1/4\pi\varepsilon_0)e^2/r^2$ のつ

§5.3 水素原子の前期量子論　99

り合いを考慮して，n 番目の軌道半径にあるときの角運動量の量子化の関係は

$$L_n^2 = (r_n mv)^2 = (r_n^2 m)(mv^2) = r_n^2 m \frac{1}{4\pi\varepsilon_0}\frac{e^2}{r_n} = (n\hbar)^2$$

これより

$$r_n = n^2\left(4\pi\varepsilon_0 \frac{\hbar^2}{me^2}\right) = n^2 a_0$$

$n=1$ のときの軌道半径は a_0 で，これは [例題 5.2] のボーア半径であり，角運動量の量子化条件が軌道半径を正しく与えることがわかる．

　電子の運動は実際は 3 次元的な運動で，上に見た 2 次元運動の角度方向成分 (q_θ, p_θ) の運動は，天頂角成分 (q_θ, p_θ) と方位角成分 (q_ϕ, p_ϕ) の 2 方向運動に分離され，これに動径成分 (q_r, p_r) がある（図 5.3）．1915 年にゾンマーフェルトはボーアの量子化条件を拡張して，正準共役変数の作る作用変数 J_r, J_θ, J_ϕ を定義し，こ

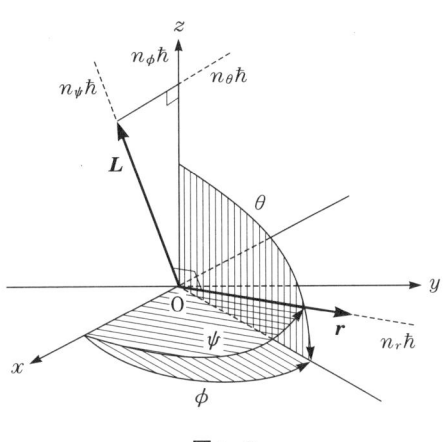

図 5.3

れについても上と同様な条件が存在するとして，電子の運動を $1/r^2$ 型の中心力に従うケプラー運動に一般化し軌道を解き，次の量子化条件を見出した．主量子数 $n = n_\psi + n_r = 1, 2, 3, \cdots$，ここに

$$n_\psi = n_\theta + n_\phi = 1, 2, 3, \cdots \tag{5.24 a}$$

$$J_r = \frac{1}{2\pi}\oint p_r\, dq_r = n_r \hbar \quad (n_r = 0, 1, 2, 3, \cdots) \tag{5.24 b}$$

$$J_\theta = \frac{1}{2\pi}\oint p_\theta\, dq_\theta = n_\theta \hbar \quad (n_\theta = 0, 1, 2, 3, \cdots, n_\psi) \tag{5.24 c}$$

$$J_\phi = \frac{1}{2\pi}\oint p_\phi\, dq_\phi = n_\phi \hbar \quad (n_\phi = 0, 1, 2, 3, \cdots, n_\psi) \tag{5.24 d}$$

(5.24) は，**ボーア‐ゾンマーフェルトの量子化条件**とよばれる．

こうして，古典力学の解析的定式化に現れる正準共役な一般化座標 q_i と運動量 p_i で作用変数 J_i を定義すると，J_i は微視的世界に展開される"量子的"力学現象が実現される条件と密接に結び付くことになった．

1923 年にド・ブロイは**物質波**の考えを発表し，物質は運動量 p で特徴づけられる粒子性と，波長 λ で特徴づけられる波動性の両方を兼ね備えていて，この 2 つの間には，プランク定数 h を用いて

$$\lambda = \frac{h}{p} \tag{5.25}$$

の関係が存在することを提唱した（1924 年）．（この関係式の導出は第 6 章の演習問題［6］にある．）そして，上に述べた水素原子に関するボーア‐ゾンマーフェルトの量子化条件は，電子の運動を波長 λ の物質波の伝播と考えることにより説明できることを示した．半径 r_n の円周上にできた波動が干渉して消えないで，定常波として存在し続けるのは，図 5.4 に示したように

$$\frac{2\pi r_n}{\lambda} = n_\theta \quad (n_\theta = 1, 2, 3, \cdots) \tag{5.26}$$

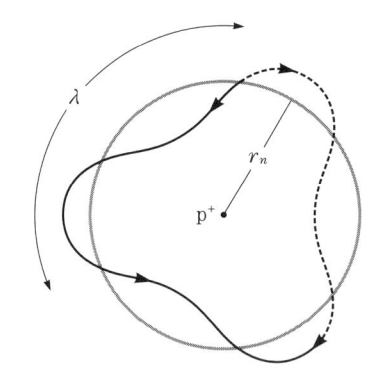

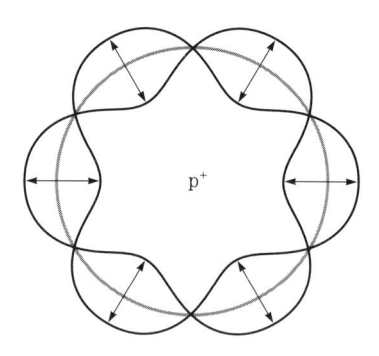

図 5.4

の条件が満たされる場合である．このとき作用変数（軌道角運動量）(5.20)は，(5.25) を使って

$$J_\theta = r_n p = r_n \frac{h}{\lambda} = \frac{2\pi r_n}{\lambda}\hbar = n_\theta \hbar \tag{5.27}$$

となり，(5.23) と同じ結果が導かれる．

こうして，量子的現象の理解が深まっていった．しかしこの範囲では，たとえば (5.23), (5.24 d) では $n_\theta = 0$, $n_\psi = 0$ は物理的に意味のない場合として除かれているが，実際の量子現象には存在するなど，微視的世界には古典力学の延長だけではなく，「量子の揺らぎ」とよばれる全く新しい物理の世界が存在することの認識が必要であった．そういう意味で，この節で述べた量子の取扱いは，古典力学の範囲に "量子化 $J = n\hbar$, $n = 1, 2, 3, \cdots$" の手続きを取り入れたものであり，「前期量子論」とよばれている．しかしながら，ラグランジュ，ハミルトン等によって古典力学の理論化が解析的方法によって体系化され，正準共役変数 (q_i, p_i) が作用変数の形にまとめられ量子化の手続きをともかく得るところまで到達した．正準変換理論が確立され，その最たるものとしてハミルトン‐ヤコビの偏微分方程式が得られ，これを梃子にして我々は量子力学の入口をこじ開けることができたのである．本格的量子力学の揺籃期に，解析力学の果たした役割は大きかったといえよう．

§5.4　エネルギーの量子化

ここまでは，(5.13) の $\partial E(\alpha)/\partial \alpha = \omega$ を角振動数と解釈すると，(5.1 a) の一般化運動量 P が (5.18) の作用変数 J になることを述べた．今度は P を，ある "エネルギー量 $\mathscr{E}$" に等しくおいてみる．このエネルギー量がどんな意味のエネルギーなのかは以下で明らかになり，次節で改めて述べることにする．いまはエネルギーの次元をもつ量とだけしておく．

$$P = \alpha = \mathscr{E} \tag{5.28}$$

このときは (5.12 a) から

$$Q = \beta + \frac{\partial}{\partial \alpha} \mathscr{E}(\alpha)\, t = \beta + t \tag{5.29}$$

すなわち，正準共役変数 (Q, P) が，時間 $\beta + t$ とエネルギー量 $\mathscr{E}$ になる正準変換を行った場合を考えていることになる．ここで (5.18) の作用変数 J は正準不変量

$$J = \frac{1}{2\pi} \oint \sum_k p_k\, dq_k = \frac{1}{2\pi} \oint \sum_k P_k\, dQ_k \tag{5.30}$$

であることを示すことができるので (演習問題 [5])，これを用いると

$$J = \frac{1}{2\pi} \oint P\, dQ = \frac{1}{2\pi} \oint \mathscr{E}\, dt = \mathscr{E} \frac{T}{2\pi} \tag{5.31}$$

T は，系の運動に対応した位相空間の軌跡が一巡するのに要する時間 (運動の周期) である．

ここで，1 次元の調和振動子など振動数 ν をもつ力学系を考えると，周期 T は振動数と $\nu T = 1$ の関係にあるから，上の式は $J = \mathscr{E}/2\pi\nu$ となる．いま，作用変数 J に (5.23) と同じ形の量子化条件を仮定してみると

$$J = \frac{\mathscr{E}}{2\pi\nu} = n\hbar \quad \rightarrow \quad \mathscr{E} = nh\nu = n\hbar\omega \quad (n = 1, 2, 3, \cdots) \tag{5.32}$$

となり，エネルギー量 $\mathscr{E}$ は $h\nu$ の単位 (素量) の集合になっている．これは，そもそも黒体放射の現象にプランクが定数 h を導入して得た**エネルギーの量子化**の結果と一致しており，**アインシュタインの光量子** (1905 年) の考え方とも一致していることがわかる．

このようにして，ここでもハミルトン－ヤコビの偏微分方程式を介して，正準共役な力学変数の組 (P, Q) の作る作用変数 J が，物理量 (この場合はエネルギー量) の古典論的描像から量子論的描像への橋渡しの役割をする興味深い力学的物理量であることがわかる．

[例題 5.4] 次の（1）は古典論的，（2）は量子論的現象と見なせることを示せ．

（1） 100 g の質点を吊るしたとき $a = 10$ cm 伸びるバネの，重力の下での振幅 10 cm 程度の単振動

（2） 原子核内の核子が光速の 1/30 の速さで基本振動するとき，3 MeV のエネルギーをもつガンマ線放出をともなうガンマ崩壊．原子核の半径 $R = 10$ fm とせよ．

[解] （1） 質点を自然に吊るしたときの力のつり合い $ka = mg$ から，バネの復元力係数は $k = mg/a = 10^4$ g·s^{-2} となる．振幅が 10 cm 程度の単振動のもつエネルギーは $E = (1/2)kA^2 = 5 \times 10^5$ erg $= 3 \times 10^{11}$ MeV．一方，このバネの角振動数は $\omega = \sqrt{k/m} = \sqrt{g/a} = 10$ s^{-1} となる．上の E をエネルギー素量

$$\hbar\omega = 6.6 \times 10^{-22} \text{ MeV·s} \times 10 \text{ s}^{-1} = 6.6 \times 10^{-21} \text{ MeV}$$

の n 倍の振動であるとすると，$n = 5 \times 10^{31}$ となり，このエネルギー近傍の運動では n は連続的と考えられ，古典的現象である．

（2） 核子は半径 $R = 10$ fm $= 10 \times 10^{-13}$ cm の球形の直径上を速さ V で往復振動するとして，基本振動数は $\nu = 1/(4R/V) = (1/4R)\, c/30$．基本振動のエネルギー素量は

$$\hbar\omega = 2\pi\hbar\nu = \frac{2\pi \times 197 \text{ MeV·fm}}{4 \times 10 \times 30 \text{ fm}} = 1 \text{ MeV}$$

となる．原子核の n 番目の励起エネルギー準位が $E_n = n\hbar\omega$ の振動エネルギー状態にあるとすると，3 MeV のエネルギー放射は $n' - n = 3$ の準位間の遷移である．たとえば，$n' = 5$ の準位から $n = 2$ の準位への遷移にともなう原子核のガンマ崩壊（$E_{n'} - E_n = 3\hbar\omega = 3$ MeV）では，とびとびのエネルギー準位が直接正確に関与するので，量子現象である．

§5.5　固有エネルギーとエネルギー素量の関係

この節では，上に出てきた 2 つのエネルギー E と $\mathscr{E}$ の間の関係について述べる．§5.3 では，水素原子の電子が定常状態にあるとするボーアの仮説

を学んだ．角運動量の量子化を用いれば電子の軌道半径は，[例題 5.3] と同じようにして

$$r_n = n^2 \left(4\pi\varepsilon_0 \frac{\hbar^2}{me^2}\right) = n^2 a_0 \tag{5.33}$$

と表されることがわかり，各定常状態（各固有のエネルギー状態）のエネルギーは，(5.21) に代入して

$$E_n = -\frac{1}{4\pi\varepsilon_0} \frac{e^2}{2a_0} \frac{1}{n^2} \tag{5.34}$$

となる．これは**固有エネルギー**または**エネルギー固有値**とよばれ，量子化された各軌道半径に電子が束縛されている状態の（束縛）エネルギーのことである（図 5.5）．

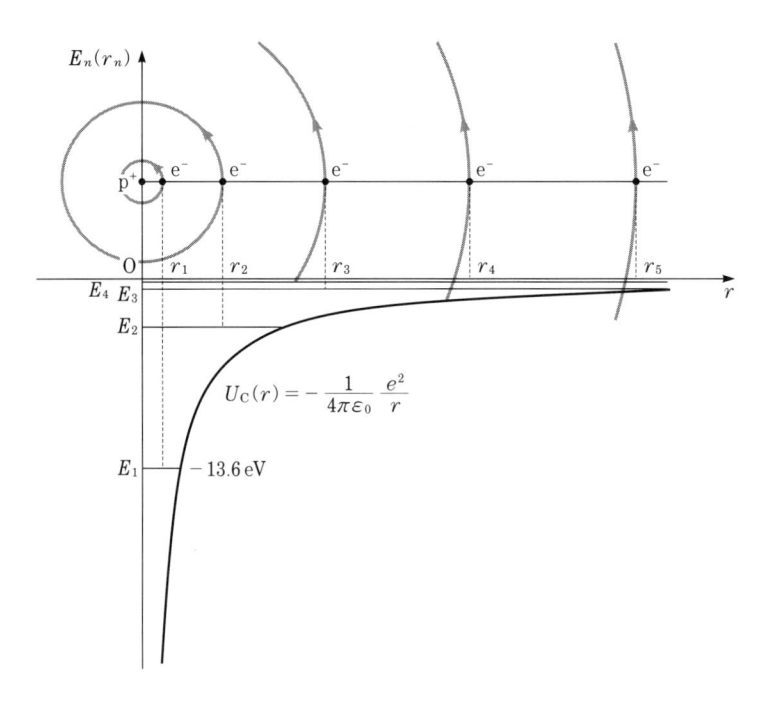

図 5.5

§5.5 固有エネルギーとエネルギー素量の関係

ボーアは，n 番目の軌道から n' 番目の軌道への電子の遷移は，$n' > n$ のときは

$$\Delta E_{n'n} = E_{n'} - E_n = \frac{1}{4\pi\varepsilon_0} \frac{e^2}{2a_0} \left(\frac{1}{n^2} - \frac{1}{n'^2} \right) \quad (5.35)$$

だけのエネルギーを外部から与えられて初めて可能で，逆に n' 番目の軌道から n 番目の軌道への遷移は，$\Delta E_{n'n}$ だけのエネルギーを外に（X 線として）放射して実現されると考えた．ボーアは，微視的世界（量子力学の現象）では「$\Delta E_{n'n}$ のエネルギー吸収，放射があるときのみ電子は軌道間を遷移し，それ以外は定常状態にとどまる」という仮説 (**軌道遷移に関する仮説**)を提唱し，古典電磁気学からの困難を回避したのである．

実際，水素原子からは (n', n) のいろいろな組に対応した大きさの放射エネルギー $\Delta E_{n'n}$ をもつ X 線が観測されて，図 5.6 に示す系列に分類され，(5.35) が良く成立していることが確かめられた．(5.32) のエネルギー量 $\mathscr{E}$

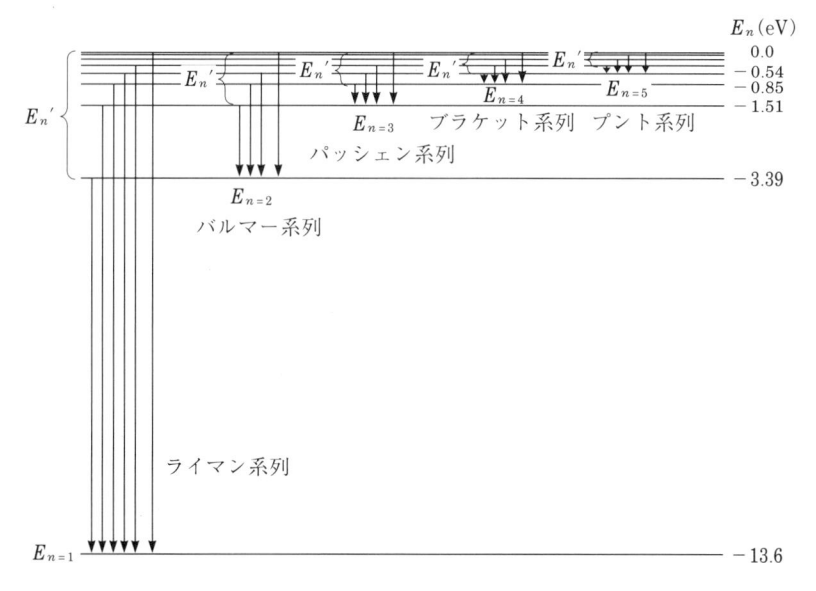

図 5.6

は，吸収・放射される X 線のエネルギー量のことで

$$E_{n'} - E_n = h\nu_{n'n} \tag{5.36}$$

とするとき

$$\mathscr{E} = \mathscr{E}_k = kh\nu_{n'n} \quad (k = 1, 2, 3, \cdots) \tag{5.37}$$

の関係にある．$\mathscr{E}$ は放射・吸収されるエネルギー量（**エネルギー素量**の集合）で，$k = 1$ のときはエネルギー素量 $h\nu_{n'n}$ に等しくなる．

　もう少しくわしく説明しよう．いま仮りに 10 個の水素原子があって，すべての原子から同時に n' 番目の軌道から n 番目の軌道への電子の遷移が行われたとしよう．これらの干渉は考えないとして，このとき (5.35) は，観測される X 線は，同じ振動数 $\nu_{n'n}$ をもつ X 線が 10 個（$k = 10$）であることを意味する．振動数が $10\nu_{n'n}$ の X 線が 1 個放出されるということではない．振動数が $2.5\nu_{n'n}$ の X 線が 4 個でもない，ということである．放出される 1 個の X 線のエネルギーの大きさは (5.35) で決まり，このエネルギーが素量（量子）となって放出され，半分に分かれて 2 個の X 線になったりすることはないということである．

　こういう意味で，決まったエネルギー素量をもつ X 線 ＝ 光 は，1905 年にアインシュタインが提唱した"光量子 (photon)"仮説の概念と同じものであるといえる．こうして，古典的には波長で特徴づけられてきた X 線 ＝ 光 ＝ 波動 がエネルギー素量・運動量で特徴づけられる粒子としての振舞を強調して見せるのが，量子力学における光 ＝ 光子（素粒子）である，という理解が深まっていった．もちろん量子力学でも，光のもつ波動の性質は出現し，二重性がよりはっきり出現するということである．

演習問題

[1] 重力の下での2次元 (x, z) 平面内の放物線運動を，ハミルトン‐ヤコビの偏微分方程式により解け．

[2] 作用変数の次元は何か．

[3] 水素原子の電子の運動の全力学的エネルギーは
$$E(r) = -\frac{1}{4\pi\varepsilon_0}\frac{e^2}{2r}$$
となることを示せ．

[4] 水素原子の電子の運動を古典的円運動（荷電粒子の加速度運動）と見なし，電磁波の放射をともなってボーア半径 (a_0) 軌道から中心へ落ち込むまでの時間を求めよ．電子の加速度を $\ddot{r} = a$，光速を c とすると，エネルギー E をもつ電子のエネルギー放射率は
$$\frac{dE}{dt} = -\frac{2}{3}\frac{e^2}{4\pi\varepsilon_0}\frac{a^2}{c^3}$$
で表されることを用いよ．

[5] 次の正準不変量の関係を示せ．
$$\oint \sum_k p_k\, dq_k = \oint \sum_k P_k\, dQ_k$$

[6] 次に挙げたものは水素原子における電子の $n' \to n = 1$ 遷移（バルマー系列）にともない観測された X 線の波長である．ボーアの模型により，エネルギー固有値 $E_{n'}$ を求めよ．

$n' = 2$; 1215.68 Å, $n' = 3$; 1025.83 Å, $n' = 4$; 972.54 Å

ニールス・ボーアの警告

　1914年にチャドウィック（1891-1974）が示した実験データは，原子核のベータ崩壊の奇妙さを示して余りあるものがあった．エネルギーが明らかに保存していないと考えるほかはない結果を示していたからである．水素原子の電子が安定に存在するためには，古典力学とは全く異なる発想をしなければならなかったボーア（1885-1962）は，ベータ崩壊にもこれまでに経験しなかった量子力学特有の事態が存在するに違いないと考えた．すなわち量子力学の世界では，「エネルギーは保存しない」とする仮説を提唱した．そして入口が見つかったばかりの量子の世界に飛び込むには，もっと奇妙な事態が待ち構えていることを覚悟して，古典力学の原理に凝り固まらない柔軟さをもつべきであると警告を発した．

　これに敢然と立ちはだかったのはパウリ（1900-1958）であった．ベータ崩壊では電荷の保存は成り立つのに，エネルギー保存則だけが成り立たないというのはおかしい，とボーアに反論した．そしてパウリは「ニュートリノ仮説」を提唱して，ニュートリノが残りのエネルギーをもち去ると主張した．ニュートリノは1956年に存在が検証され，パウリの仮説の正しさが証明された．

　同じ年にリー（1926-）とヤン（1922-）は，「パリティの保存則が成り立たない場合がある」と提言した．これを知ったパウリは，「そんなバカなことはない」と主張し，「いくらでも賭けていいよ」と大変な剣幕であった．すぐにウー（1912-）の実験により，ベータ崩壊でパリティの破れが検証された．

　これを知ったパウリは，「愕然とした」と後に自ら書いている．そして30年前のボーアとの論争を回想し，「今こそボーアの警告を想い起こし，なぜ弱い相互作用のみにパリティ保存則の破れが起きるのか明らかにすることが重要である」と述べ，3人の業績を高く評価した．パウリは，「本気で賭けをしなくてよかったよ」とワイスコップ（1908-2002）に書き送った．「賭けに勝ちました！」と言おうと楽しみにしていたワイスコップは，パウリ先生のあけっぴろげの気性を想いつつ，ひとり物思いに耽った．

6 量子力学の基礎方程式

　前章では，正準共役変数の作る作用変数の量子化を通して，古典力学から量子力学への移行が行われたことを見た．本章では，まず 1926 年にシュレーディンガーが，古典的波動方程式にド・ブロイの物質波の考え方をとり入れることにより導き出した，量子力学の波動方程式について述べる．次に，同年に発表した，解析力学における正準変換の母関数の従うハミルトン‐ヤコビの偏微分方程式から，量子化の手続きなしに，上と同じ波動方程式を導出したことを示す．

　この 2 つのことは，これまでに学んできた内容で十分理解できることである．話の流れができるだけ良くわかるように，ここではハミルトニアンは時間を陽に含まない $H(\{q_i\}, \{p_i\}) = E$，座標は 1 次元 $\{q_i\} = q$ の場合を中心にして進め，要所では一般の場合にも触れる．

§6.1　古典的波動方程式

　まず始めに，電磁波や音波など波動の基本的な事項をまとめておく．空間を伝播する波動は，空間座標 q と時間 t の 2 つの変数の関数 $y = y(q, t)$ で表される．y の従う最も簡単な波動方程式は，空間と時間に関する 2 階の偏微分方程式で，次の形をしている．

$$\frac{\partial^2 y}{\partial t^2} = u^2 \frac{\partial^2 y}{\partial q^2} \tag{6.1}$$

この方程式の解 y は，次のいずれの関数形の場合でも上の波動方程式を満たすことが，直接代入することによって確かめられる．

6. 量子力学の基礎方程式

$$y = f(q \pm ut), \qquad y = A\sin(kq \pm \omega t), \qquad y = B\cos(kq \pm \omega t) \tag{6.2a}$$

$$y = Ce^{i(kq \pm \omega t)} = C\cos(kq \pm \omega t) + iC\sin(kq \pm \omega t) \tag{6.2b}$$

$$y = C_1 e^{i(kq \pm \omega t)} + C_2 e^{-i(kq \pm \omega t)} \tag{6.2c}$$

ここに $\omega/k = u$ である．(6.2b) の複素数の指数関数が解の一つになることは，(6.2a) の正弦，余弦関数がそれぞれ (6.1) の独立解であり，それらの 1 次結合も (6.1) の解となることを想起すれば理解できよう．(6.2c) も結局は正弦，余弦関数の 1 次結合となることから理解できる．

u は位相 $(q \pm ut)$ の進む速さ；**位相速度**の大きさ，という意味をもつ．それは，波動 (6.2) の特に三角関数（一般には複素指数関数）において，位相が

$$kq \pm \omega t = 一定 \tag{6.3a}$$

となる点 q の進む速さが，

$$\dot{q} = \mp \frac{\omega}{k} = \mp u \tag{6.3b}$$

となることからわかる．符号は波動が q の負の向きに進むか ($\dot{q} < 0$, $y = Ce^{\pm i(kq+\omega t)}$ の場合)，正の向きに進むか ($\dot{q} > 0$, $y = Ce^{\pm i(kq-\omega t)}$) に対応していて，方程式はこの両方の波動を生成できる一般性をもつことがわかる．(6.3a) の条件に対応する点では $dy/dt = 0$ となるので，位相速度は平面波（正弦波）の場合は，波動の振幅 $y(q, t) = 一定$ となる位置 q（一般には波面）の進む速さといってもよい．

波動のもつ振動（周期運動）の周期性を考えると，周期 T, 波長 λ の波動に対して，次の関係式が成り立つ．

$$\{kq \pm \omega(t + T)\} - (kq \pm \omega t) = 2\pi \quad \rightarrow \quad \omega = \frac{2\pi}{T} = 2\pi\nu \tag{6.4}$$

$$\{k(q + \lambda) \pm \omega t\} - (kq \pm \omega t) = 2\pi \quad \rightarrow \quad k = \frac{2\pi}{\lambda} \tag{6.5}$$

(6.4) の ω は**角振動数**とよばれ，振動数 ν の 2π 倍に当る．また，k は 2π

の長さに含まれる波長の数という意味をもつので，**波数**とよばれる．

単色（単一の角振動数 ω）から成る光の場合は，位相速度 u はその光波の進む速さそのもの（$u = |\dot{q}|$）で，波長 λ，振動数 ν の間には

$$\text{単色光；} \quad u = \frac{\omega}{k} = \nu\lambda \tag{6.6}$$

の関係がある．

ここでド・ブロイの式 (5.25) を思い起こすと，速さ v で進む質量 m の粒子のもつ運動量 $p = mv$ と物質波の波長 λ との間に，$\lambda = h/p$ の関係があった．(6.5) の λ を物質波の波長と見なしてこの関係を用いると

$$p = \frac{h}{\lambda} = \frac{h}{2\pi} k = \hbar k = mv \tag{6.7}$$

これより粒子の進む速さは

$$v = \frac{p}{m} = \frac{\hbar k}{m} \tag{6.8}$$

この速さと先に示した (6.3 b) の位相速度 u とは，明らかに違うことを注意しておく．量子力学では，粒子の運動はいろいろな波長の波動の重ね合せによってできる波束の伝播に対応し，(6.8) の v は波束の進む速さに対応する．(6.8) は**群速度**（の大きさ）とよばれる．このときは角振動数は $\omega = \omega(k)$ の形の関数として与えられ，群速度は

$$v_\text{g} = \frac{\partial \omega(k)}{\partial k} \tag{6.9}$$

で与えられる（[例題 6.1] 参照）．単色の場合は $\omega = 2\pi\nu = u(2\pi/\lambda) = uk$ となるので，上の式に代入してみると $v_\text{g} = u$ となり，位相速度に等しくなる．

[**例題 6.1**] 波数，角振動数が微小量 $\varDelta k$, $\varDelta \omega$ 異なる2つの1次元平面波 $\psi_1(x, t)$, $\psi_2(x, t)$ の合成波の波束を考える．質量 m の粒子の速さを v, 運動エネルギー（の素量）を $\mathscr{E}$ とするとき，v と位相速度 u, 群速度 v_g の関係

を求めよ．

[解]
$$\phi_1(x, t) = A \cos\{(k + \Delta k)x - (\omega + \Delta\omega)t\}$$
$$\phi_2(x, t) = A \cos\{(k - \Delta k)x - (\omega - \Delta\omega)t\}$$

とすると，合成波 $\psi = \phi_1 + \phi_2$ は

$$\psi(x, t) = 2A \cos(\Delta k\, x - \Delta\omega\, t) \cos(kx - \omega t)$$

位相速度；

後の余弦関数から

$$u = \frac{\omega}{k} = \frac{\hbar\omega}{\hbar k} = \frac{\mathscr{E}}{p} = \frac{p^2}{2m}\frac{1}{p} = \frac{1}{2}v$$

また $u = \omega/k = 2\pi\nu/(2\pi/\lambda) = \nu\lambda$ なので，

$$\frac{1}{2}v = \nu\lambda$$

の関係があることがわかる．

群速度；

v_{g} は波束の振幅が一定となる点の進む速さで，$\Delta k\, x - \Delta\omega\, t = $ 一定 より

$$v_{\mathrm{g}} = \frac{\Delta\omega}{\Delta k} = \frac{\partial\omega}{\partial k} = \frac{\partial(\hbar\omega)}{\partial(\hbar k)} = \frac{\partial\mathscr{E}}{\partial p} = \frac{p}{m} = v$$

また，(6.3 b) を用いて

$$v_{\mathrm{g}} = \frac{\partial\omega}{\partial k} = \frac{\partial(uk)}{\partial k} = u + k\frac{\partial u}{\partial k} = u - \lambda\frac{\partial u}{\partial \lambda} \leq u \tag{a}$$

となる．この (a) は演習問題 [6] で用いることになる．

§6.2 シュレーディンガーの波動方程式

ここでは，粒子の運動にド・ブロイの波動性をとり入れた場合の運動方程式を導くことにする．波動方程式の最も簡単な形 (6.1) は変数 q, t に関して分離型になっているので，基本的には $y = Q(q)T(t)$ の形の解となる．シュレーディンガーは，波動の q に依存する部分の関数を $\psi(q)$ とし，$\psi(q)$ の一般的な形として (6.2 c) の複素指数関数形に当る $\psi(q) = De^{\pm ikq}$ を想定した．このとき $\psi(q)$ の満たす次の 2 階の偏微分方程式

§6.2 シュレーディンガーの波動方程式

$$\frac{\partial^2 \psi}{\partial q^2} + k^2 \psi = 0 \tag{6.10}$$

を量子力学への出発点とした．

量子化への移行は，ド・ブロイの物質波の考え方がとり入れられた (6.7) を採用した．また，外力の影響を受けた粒子の運動（波動の伝播）の場合も取扱いたいとして，出発の方程式 (6.10) の k^2 を次のように拡張した．

$$k^2 = \left(\frac{p}{\hbar}\right)^2 = \frac{2m}{\hbar^2}\frac{p^2}{2m} \rightarrow \frac{2m}{\hbar^2}\{E - V(q)\} \tag{6.11}$$

ここで外力は保存力であるとし，ポテンシャルエネルギー $V(q)$ の作用のもとに運動する質量 m の粒子について，力学的エネルギー保存則 $H = T + V = E$，$T = p^2/2m$ の関係を用いた．拡張された波動方程式は (6.11) を (6.10) に代入して次のようにまとめられる．

$$\left[-\frac{\hbar^2}{2m}\frac{\partial^2}{\partial q^2} + V(q)\right]\psi(q) = E\,\psi(q) \tag{6.12}$$

この式は 1926 年にシュレーディンガーによって示されたもので，ハミルトニアンが時間を含まない場合の**シュレーディンガーの波動方程式**，あるいは単に**シュレーディンガー方程式**とよばれる，量子力学の基本的波動方程式である．$\psi(q)$ は，**波動関数**とよばれる．

シュレーディンガーは，実際にはド・ブロイの提唱した物質波の相対論的関係式から出発して量子力学の波動方程式に至ったが，基本的には (6.12) と同じ式を得た．

(6.12) の両辺を力学的エネルギーの観点 $H = T + V = E$ から眺めると，左辺大括弧内の第 1 項は運動エネルギー $T = p^2/2m$ に対応する部分なので，量子力学では一般化運動量 p が，$p = \pm i\hbar(\partial/\partial q)$ という偏微分の演算子に対応していることがわかる．符号はここからは決まらないが，マイナス符号を採用する（その理由は演習問題 [1] 参照）．

114   6. 量子力学の基礎方程式

$$p = -i\hbar \frac{\partial}{\partial q} \tag{6.13}$$

また，右辺の E が全力学的エネルギーであることに注目すると，量子力学ではハミルトニアン H は次の形の演算子に対応していることがわかる．

$$H = -\frac{\hbar^2}{2m}\frac{\partial^2}{\partial q^2} + V(q) \tag{6.14}$$

3次元の場合はこれを拡張して，ハミルトニアンは

$$\begin{aligned} H &= -\frac{\hbar^2}{2m}\left(\frac{\partial^2}{\partial q_1^2} + \frac{\partial^2}{\partial q_2^2} + \frac{\partial^2}{\partial q_3^2}\right) + V(\{q_i\}) \\ &= -\frac{\hbar^2}{2m}\nabla^2 + V(\{q_i\}) \end{aligned} \tag{6.15}$$

したがって，シュレーディンガー方程式は

$$H\phi = E\phi \tag{6.16}$$

と表され，ϕ は1次元では $\phi(q)$，3次元では $\phi(\{q_i\})$ である．

　これらのことから推測されるように，古典力学における力学的物理量は，量子力学では演算子に変る．ポテンシャルエネルギー $V(q)$，質量 m のような物理量も，右にくるものに乗ずる演算子である．

§6.3　シュレーディンガー方程式の理解

　ここでは，シュレーディンガー方程式に時間の依存性をとり入れた後に，方程式のもつ物理的意味を考える．出発とした古典的波動方程式 (6.1) の解 (6.2c) のうちで，ϕ には $\phi(q) = De^{ikq}$ となるものを選び，かつ波動が $\phi(q)T(t) = De^{i(kq-\omega t)}$ のように q の正の向きに進行する時間依存の解 $T(t) = e^{-i\omega t}$ となるものについて考える．

　$T(t)$ を時間で偏微分し，アインシュタインのエネルギー量子化の関係式 (5.32) を用いると

§6.3 シュレーディンガー方程式の理解 115

$$\frac{\partial}{\partial t} T(t) = - i\omega T(t) = \frac{1}{i\hbar} E\, T(t) \qquad (6.17)$$

ここで，(5.32) のエネルギー $\mathscr{E}$ をエネルギー素量と考え，$\mathscr{E} = \hbar\omega = E - E_0 = E$ (基準 $E_0 = 0$ とした) とおいた．この結果から，全力学的エネルギー E は

$$E = i\hbar \frac{\partial}{\partial t} \qquad (6.18)$$

のように，時間の微分演算子に対応していることが導かれる．したがって，シュレーディンガー方程式 (6.16) は，時間部分を含んだ波動関数を $\Psi(\boldsymbol{r}, t)$ (位置ベクトルを $\boldsymbol{q} = \boldsymbol{r}$ とする) に対して，次のように拡張できることがわかる．

$$\left[-\frac{\hbar^2}{2m} \nabla^2 + V(\boldsymbol{r}) \right] \Psi(\boldsymbol{r},\, t) = i\hbar \frac{\partial \Psi(\boldsymbol{r},\, t)}{\partial t} \qquad (6.19)$$

古典的波動方程式 (6.1) と比べると，シュレーディンガー方程式は時間に関して 1 階の微分方程式である点が大きく違っている．この点は以下に述べるように，波動関数 $\Psi(\boldsymbol{r}, t)$ の解釈にもかかわってくる重要な特徴といえる．時間に関して 1 階となったのは，アインシュタインのエネルギー量子化の関係式 (5.32) が，角振動数 ω に関して 1 次になっていることによる．シュレーディンガーの場合は，ここに着目したことが重要なポイントとなった．相対論的エネルギー運動量の関係を用いると，得られる方程式は時間に関して 2 階の波動方程式となる．(本章のコラム参照．)

(6.19) に左から $\Psi(\boldsymbol{r}, t)$ の複素共役 Ψ^* を掛けた式から，(6.19) の複素共役に右から Ψ を掛けた式を作り，辺々の引き算をすると次を得る．

$$-\frac{\hbar^2}{2m} (\Psi^* \nabla^2 \Psi - \Psi \nabla^2 \Psi^*) = i\hbar \left(\Psi^* \frac{\partial}{\partial t} \Psi + \Psi \frac{\partial}{\partial t} \Psi^* \right) \qquad (6.20)$$

ただし，ポテンシャルエネルギーは実数と仮定した．この式は，$\Psi^* \nabla^2 \Psi - \Psi \nabla^2 \Psi^* = \nabla (\Psi^* \nabla \Psi - \Psi \nabla \Psi^*)$ を用いると次のように書き表すことがで

きる．

$$\frac{\partial}{\partial t}\rho + \mathrm{div}\,\boldsymbol{j} = 0 \tag{6.21}$$

ここに

$$\rho(\boldsymbol{r},\,t) = \Psi^*\Psi, \quad \boldsymbol{j} = \frac{\hbar}{2im}(\Psi^*\nabla\Psi - \Psi\nabla\Psi^*) \tag{6.22}$$

である．(6.21)は流体の**流れの連続性**（流量保存則）を表す**連続の式**と同じ形をしている．いま波動関数が平面波 $\Psi = Ce^{i(\boldsymbol{k}\cdot\boldsymbol{r}-\omega t)}$ となる簡単な場合を考えると，(6.22)から

$$\boldsymbol{j} = \frac{\hbar\boldsymbol{k}}{m}\Psi^*\Psi = \boldsymbol{v}\rho \tag{6.23}$$

となる．ここで速度 $\boldsymbol{v}$ にするには (6.7) を用いた．

Ψ が平面波のみならず一般の場合も，$\rho(\boldsymbol{r},\,t)$ を「時刻 t, 位置 $\boldsymbol{r}$ における粒子の存在する確率（**確率密度**）」と見なすと，$\boldsymbol{j}$ は「単位時間当りの流れの確率密度（**カレント・フラックス**）」という意味をもつ．$\rho(\boldsymbol{r},\,t)$ を次のように全空間で 1 に規格化すると

$$P = \int d\boldsymbol{r}\,\rho(\boldsymbol{r},\,t) = \int d\boldsymbol{r}\,\Psi^*(\boldsymbol{r},\,t)\,\Psi(\boldsymbol{r},\,t) = 1 \tag{6.24}$$

P は確率，Ψ は**確率振幅**と解釈することができるようになる．

もしも量子力学の波動方程式 (6.19) の代りに，古典的波動方程式と同じく時間に関して 2 階の微分形になる方程式を作ると，連続の式の形を満足する結果にはなっても，確率 P がマイナスとなる可能性をもつようになり，波動関数 Ψ の解釈が困難になる（本章のコラム参照）．こういうことを考慮して，シュレーディンガーは古典力学における波動方程式に基礎をおき，しかし時間に関しては 1 階の波動方程式を量子力学の（非相対論的）基礎方程式として提唱した．

[**例題 6.2**] 確率の保存とハミルトニアン H のエルミート性の関係を示

せ.

[解] 波動関数 Ψ が時間を含む場合のシュレーディンガー方程式 (6.19)；$i\hbar(\partial\Psi/\partial t) = H\Psi$ から，(6.20) を導びいたのと同じく，複素共役の式を作り辺々の差をとると，次の式が得られる．

$$i\hbar\frac{\partial}{\partial t}(\Psi^*\Psi) = \Psi^*H\Psi - (H\Psi)^*\Psi$$

全空間で積分して (6.24) の確率 P を用いて書くと

$$i\hbar\frac{\partial}{\partial t}P = \int d\mathbf{r}\,[\Psi^*H\Psi - (H\Psi)^*\Psi]$$

これがゼロになるとき確率の保存が保証され，それは $(H\Psi)^* = \Psi^*H^* = \Psi^*H$，すなわち $H = H^*$ のときである．この性質 (H が実数) をハミルトニアンの**エルミート性**という．

§6.4 ハミルトン-ヤコビの偏微分方程式からの導出

シュレーディンガーは，第5章で述べたハミルトン-ヤコビの偏微分方程式 (5.3) から出発して，第2章で述べた変分原理 (2.34) を適用すると，上と同じ量子力学の波動方程式 (6.12) が導き出せることを次のように示した．

質量 m の粒子の1次元の運動を考え，H が t を含まないとすると (5.3) は

$$\frac{\partial}{\partial t}W(q,\alpha,t) + H\left(q,\frac{\partial W}{\partial q}\right) = 0 \tag{6.25}$$

と表される．この式を満たす母関数 $W(q,\alpha,t)$ として，全力学的エネルギー E，関数 $\psi(q)$ を含む次の対数関数を設定する．

$$W = K\ln\{e^{-Et/K}\psi(q)\} = -Et + K\ln\psi(q) \tag{6.26}$$

q に正準共役な一般化運動量 p は，(5.2b) より

$$p = \frac{\partial}{\partial q}W(q,\alpha,t) = \frac{K}{\psi}\frac{\partial\psi}{\partial q} \tag{6.27}$$

となるので，粒子に作用するポテンシャルを $V(q)$ とすると，E は

6. 量子力学の基礎方程式

$$E = \frac{1}{2m}p^2 + V(q) = \frac{1}{2m}\left(\frac{K}{\psi}\frac{\partial \psi}{\partial q}\right)^2 + V(q) \qquad (6.28)$$

これより次の式が得られる．

$$\frac{K^2}{2m}\left(\frac{\partial \psi}{\partial q}\right)^2 - \{E - V(q)\}\psi^2 = 0 \qquad (6.29)$$

ここで $\psi(q)$ は，上の微分方程式の解として求まるが，シュレーディンガーはその際に，「方程式 (6.29) が q 空間における積分に対して停留点をとる」という条件を課した．これは§2.5で述べた，変分原理を満たす，という条件である．すなわち，(2.30 a) に類似して次の積分を定義する．

$$\begin{aligned}I &= \int_{q_1}^{q_2}\left[\frac{K^2}{2m}\left(\frac{\partial \psi}{\partial q}\right)^2 - \{E - V(q)\}\psi^2\right]dq \\ &= \int_{q_1}^{q_2} F\left(\psi, \frac{\partial \psi}{\partial q}, q\right) dq \qquad (6.30)\end{aligned}$$

ここで被積分関数を F とおいた．F は，独立変数 q と，q の関数 $\psi(q)$ と，$\psi(q)$ の1階偏微分 $\partial \psi/\partial q$ の関数で，汎関数の形をしている．変分原理

$$\delta I = 0 \qquad (6.31)$$

の条件を満たす関数 F は，(2.30)〜(2.35) に述べた変分計算により，オイラーの微分方程式に従うということであった．ただし，そこでは独立変数は時間 t であったが，ここでは一般化座標 q であり

$$(2.30) ; F(x, \dot{x}, t) \quad \leftrightarrow \quad (6.30) ; F\left(\psi, \frac{\partial \psi}{\partial q}, q\right) \qquad (6.32)$$

の対応に注意する．(2.30) では $\dot{x} = dx(t)/dt$ と全微分であったが，(6.30) では $\partial \psi(q)/\partial q$ と偏微分なので，(2.32) のところで違いが生じて，(2.35) の左辺は $d/dt \to \partial/\partial q$ のように偏微分演算子となることにも注意する．以上から，(6.30) の F を (2.35) に用いることにより次の変分の結果が得られる．

$$\frac{K^2}{2m}\frac{\partial^2 \psi}{\partial q^2} = -\{E - V(q)\}\psi \qquad (6.33)$$

これを§6.1で導いたシュレーディンガー方程式 (6.12) の形に変形すると

§6.4 ハミルトン‐ヤコビの偏微分方程式からの導出 119

$$\left[-\frac{K^2}{2m}\frac{\partial^2}{\partial q^2} + V(q)\right]\phi(q) = E\,\phi(q) \tag{6.34}$$

となる．

シュレーディンガーは，母関数 W の導入 (6.26) で単なる定数としてもち込んだ K については，"作用の次元"をもつ定数であるとした．[†] $K = \hbar$ とおけば，(6.34) は先に量子化の手続きによって導いたシュレーディンガー方程式 (6.12) に一致する．そこではシュレーディンガー方程式を導くために，(6.7) で量子化の手続きとしてド・ブロイの物質波の概念 (5.25) を用いた．しかしこの節のこれまでには，物質波の概念も，さらにはアインシュタインのエネルギー量子の概念 (5.32) も，何一つ"量子化"の手続きは使っていない．古典的解析力学のハミルトン‐ヤコビの偏微分方程式に変分原理を用い，母関数の導入に当ってもち込んだ次元定数 K を $K = \hbar$ としたのみである．そういう意味では，(6.34) が量子力学の現象を記述できる基礎方程式であるかどうかも，保証の限りではないとさえいえる．しかし見事な導出といえよう．

シュレーディンガーは，この方程式のポテンシャルエネルギー $V(q)$ に，クーロンの静電ポテンシャルを用いて，水素原子の電子の運動状態を解いて成功を収め，シュレーディンガー方程式は (非相対論的) 量子力学の基礎方程式として確立された．

以上が，古典力学のハミルトン‐ヤコビの偏微分方程式に変分原理を適用して，量子力学の基礎方程式であるシュレーディンガー方程式が導かれた経緯である．

[†] 作用 (積分) とは (2.36) のことで，次元は [エネルギー × 時間] であり，これは作用量子 (§5.2 の終りの部分) とよんだプランク定数 h と同じ次元になっている．

§6.5 時間を含むシュレーディンガー方程式

今度は，ハミルトニアンが時間 t に依存する一般的な場合 $H(q, p, t)$ のシュレーディンガー方程式の形を，ハミルトン–ヤコビの偏微分方程式から導いてみよう．

(6.25) の母関数 W を
$$W(q, \alpha, t) = K \ln\{\Psi(q, t)\} \quad \rightarrow \quad \Psi(q, t) = e^{W(q,\alpha,t)/K} \tag{6.35}$$
として，今度は $K = \hbar/i$ (i は純虚数) とおいてみる．

$\Psi(q, t)$ を t で偏微分すると
$$\frac{\partial}{\partial t}\Psi(q, t) = \frac{i}{\hbar}\frac{\partial W}{\partial t}\Psi(q, t) = -\frac{i}{\hbar}H(q, p, t)\Psi(q, t) \tag{6.36}$$

上の最後の式には，ハミルトン–ヤコビの偏微分方程式 (6.25) と正準変換 II の (5.2 b) の関係を用いた．これより

$$i\hbar\frac{\partial}{\partial t}\Psi(q, t) = H(q, p, t)\Psi(q, t) \tag{6.37}$$

この式は，**時間を陽に含むハミルトニアン演算子の場合のシュレーディンガー方程式**とよばれる量子力学の基礎方程式と同じ式である．

[**例題 6.3**] (6.37) はハミルトニアンが時間を含まない場合は，(6.19)，(6.34) と等しくなることを示せ．

[**解**] このときの母関数として，第 5 章の (5.4)，(5.5) を用いると，この場合の波動関数は (6.35) から
$$\Psi(q, t) = e^{\{-Et+S(q,\alpha)\}/K} = e^{-iEt/\hbar}e^{iS(q,\alpha)/\hbar}$$
$$= e^{-iEt/\hbar}\psi(q)$$
となる．これを**定常状態**の波動関数とよぶ．ここで，$K = \hbar/i$ とし，S を含む指数関数部分を $\psi(q)$ とおいた．これを (6.37) に代入して

$$i\hbar \frac{\partial}{\partial t} \psi(q) e^{-iEt/\hbar} = E \psi(q) e^{-iEt/\hbar} = H(q, p) \psi(q) e^{-iEt/\hbar}$$

$$H(q, p) \psi(q) = E \psi(q)$$

最後の式は，H が時間によらない場合のシュレーディンガー方程式 (6.19)，および $K = \hbar$ とおいた (6.34) に対応する式である．また (6.18) と同じ次の対応関係があることがわかる．

$$E = i\hbar \frac{\partial}{\partial t}$$

　以上の §6.2（波動方程式の量子化）と §6.4，§6.5（ハミルトン–ヤコビの偏微分方程式より）で示した 2 通りのシュレーディンガー方程式の導き方は，全く異なる手法によるものであった．特に §6.5 では，ハミルトン–ヤコビの偏微分方程式とその主関数から，時間を含むハミルトニアン H の場合の一般的なシュレーディンガー方程式と同じ形の式が得られた．§6.4（時間を含まない場合）では次元定数を $K = \hbar$ とおき，§6.5（時間を含む場合）では $K = \hbar/i$ とおいた．

　§6.4 で $K = \hbar/i$ とおいたらどうなるであろうか．波動関数の時間依存性は［例題 6.3］で示した定常状態の形

$$\Psi(q, t) = \psi(q) e^{-iEt/\hbar} \tag{6.38}$$

にはなるが，そもそも正しい形のシュレーディンガー方程式は得られないことを注意しておく（演習問題［5］）．

§6.6　ハイゼンベルクの方程式

　1925 年にハイゼンベルクは "行列力学" とよばれる量子力学の基礎方程式を提唱した．本節では，この方程式の導出ではなく，ハイゼンベルクの方程式とシュレーディンガー方程式との関係を見ることにする．以下では，質量 m の質点の 1 次元運動を考える．

　座標，運動量，力学的エネルギー，角運動量など力学現象に現れる物理量

をAとすると，Aは一般には座標q，運動量p，時間tの関数$A(q, p, t)$と考えられる．ハイゼンベルクは，量子の現象における物理量は次の方程式に従うとした．

$$\dot{A} = \frac{\partial A}{\partial t} + \frac{1}{i\hbar}[A, H] \qquad (6.39)$$

$$[A, H] = AH - HA \qquad (6.40)$$

(6.39)は**ハイゼンベルクの方程式**とよばれる．(6.40)は**交換関係**，$[A, H]$は**交換子**とよばれる．(6.40)は代数式ならば交換則によりゼロとなるが，HとAが行列であれば一般にはゼロではない．(6.39)は，古典力学における力学的物理量の運動方程式(3.28)と同じ形をしている点は興味深い．違いは，そこでのポアッソン括弧が，ここでは交換子になっていること，その前に$\hbar$（ディラックのh）を含む係数が付いていることである．この節では，1926年にシュレーディンガー自身が導出した，シュレーディンガー方程式に基づく量子力学とハイゼンベルクの方程式との関係をたどり，量子化の手続きと交換関係との対応を見てみることにする．

　前節までに示したように，シュレーディンガー方程式に現れる物理量（これをAとする）は演算子としての作用をもつので，古典力学の物理量と区別して$\hat{A}$で示すことにする．ハミルトニアンHが時間を含む一般の場合の波動関数$\Psi(q, t)$は，(6.37)の解として求められる．この$\Psi(q, t)$は，系の全エネルギー（固有値）Eに対応する（属する）波動関数で，Eが変れば$\Psi(q, t)$も変化する．そこで

$$E_n; \quad E_1, E_2, E_3, \cdots \quad \leftrightarrow \quad \Psi_n(q, t); \quad \Psi_1(q, t), \Psi_2(q, t), \Psi_3(q, t), \cdots \qquad (6.41)$$

と添字nを付けてエネルギー状態を区別する．シュレーディンガーの量子力学では，これらの$\Psi_n(q, t)$の間に次の条件を時間によらず要請する．

$$\int_{-\infty}^{+\infty} \Psi_i{}^*(q,\ t)\ \Psi_i(q,\ t)\ dq = 1 \qquad (6.42\,\mathrm{a})$$

この条件は，波動関数の**規格化**とよばれる．ハミルトニアンが時間に依存しない場合は，(6.38) より規格化の条件は次のようになる．

$$\int_{-\infty}^{+\infty} \phi_i{}^*(q)\ \phi_i(q)\ dq = 1 \qquad (6.42\,\mathrm{b})$$

時刻 t に観測される物理量 A の期待値を次のように定義する．

$$\langle A \rangle = \int_{-\infty}^{+\infty} \Psi_i{}^*(q,\ t)\ \widehat{A}\ \Psi_i(q,\ t)\ dq \qquad (6.43)$$

たとえば，ハミルトニアンが時間に依存しない場合の，状態 i の系のエネルギーの期待値は，$\widehat{E}$ に (6.18) を用い $\phi_i(q)$ の規格化に注意して，

$$\langle E \rangle = \int_{-\infty}^{+\infty} \phi_i{}^*(q)\ e^{iE_i t/\hbar}\ i\hbar\ \frac{\partial}{\partial t}\ e^{-iE_i t/\hbar}\ \phi_i(q)\ dq = E_i \qquad (6.44)$$

となり，系のエネルギーは時間に関係しない運動の恒量として求まる．

次に，(6.43) で，異なる状態の波動関数の間で次の積分値 $A_{ij}(t)$ を定義する．

$$A_{ij}(t) = \int_{-\infty}^{+\infty} \Psi_i{}^*(q,\ t)\ \widehat{A}\ \Psi_j(q,\ t)\ dq \qquad (6.45)$$

A_{ij} は，$i \neq j$ のときは $\widehat{A}$ が時間を含んでいなくても波動関数の時間依存性が残って，時間の関数となる．(6.45) を時間で微分すると

$$\frac{d}{dt} A_{ij}(t) = \int_{-\infty}^{+\infty} \left(\frac{\partial \Psi_i{}^*}{\partial t}\ \widehat{A} \Psi_j + \Psi_i{}^*\ \frac{\partial \widehat{A}}{\partial t}\ \Psi_j + \Psi_i{}^*\ \widehat{A}\ \frac{\partial \Psi_j}{\partial t} \right) dq$$

$$(6.46)$$

右辺の第 1 項には，(6.37) から

$$\frac{\partial \Psi_i{}^*}{\partial t} = \left(\frac{1}{i\hbar}\ \widehat{H} \Psi_i \right)^* = \frac{i}{\hbar}\ \Psi_i{}^* \widehat{H}^* \qquad (6.47)$$

物理的に意味のあるハミルトニアンのもつ性質，$\widehat{H}^* = \widehat{H}$ (実数，エルミート性，[例題 6.2]) と，第 3 項には (6.37) を用い，(6.45) の表し方を使うと

124   6. 量子力学の基礎方程式

$$\frac{d}{dt} A_{ij}(t) = \int_{-\infty}^{+\infty} \Psi_i^* \frac{\partial \hat{A}}{\partial t} \Psi_j \, dq + \frac{i}{\hbar} \int_{-\infty}^{+\infty} \Psi_i^* (\hat{H}\hat{A} - \hat{A}\hat{H}) \Psi_j \, dq$$

$$= \left(\frac{\partial A}{\partial t}\right)_{ij} + \frac{1}{i\hbar}(AH - HA)_{ij} \tag{6.48}$$

ここで，A_{ij} 等を行列 A の i 行 j 列要素と見なし，上の式を行列で表すと

$$\dot{A} = \frac{\partial A}{\partial t} + \frac{1}{i\hbar}[A, H] \tag{6.49}$$

となり，ハイゼンベルクの方程式 (6.39), (6.40) が導かれる．こうしてシュレーディンガーの方法による量子力学の定式化から，行列要素を仲介としてハイゼンベルクの量子力学の定式化へ移行できることが示された．

この経過からわかるように，(6.39) はシュレーディンガーの量子力学と等価な，量子力学の行列表現による定式化になっていることがわかる．A が一般化座標 q と運動量 p の場合は，これらが t と同じく独立変数であることに留意して，次のようになる．

$$\dot{q} = \frac{1}{i\hbar}[q, H], \qquad \dot{p} = \frac{1}{i\hbar}[p, H] \tag{6.50}$$

これは係数を除いて，(古典的) 解析力学におけるハミルトンの正準方程式をポアッソン括弧を用いて表示した (3.34) と同じ形式になっていることは興味深い．

交換子のもつ交換関係は，古典力学のポアッソン括弧式 (3.30) と全く同じ形の関係式を満足する．

[**例題 6.4**]   次の交換関係を示せ．
 (1) $[A, B+C] = [A, B] + [A, C]$
 (2) $[A, BC] = [A, B]C + B[A, C]$
 (3) $[A, [B, C]] + [B, [C, A]] + [C, [A, B]] = 0$

[**解**] (1) $[A, B+C] = A(B+C) - (B+C)A$
$= AB - BA + AC - CA = [A, B] + [A, C]$

（2） $[A, BC] = ABC - BCA = (ABC - BAC) + (BAC - BCA)$
$\qquad = [A, B]C + B[A, C]$

（3） いま，
$$[A, [B, C]] = A(BC - CB) - (BC - CB)A$$
$$[B, [C, A]] = B(CA - AC) - (CA - AC)B$$
$$[C, [A, B]] = C(AB - BA) - (AB - BA)C$$
より，これらの和はゼロとなることがわかる．

[**例題 6.5**] 一般化座標と運動量に関する次の交換関係を示せ．

（1） $[q_i, q_j] = 0$ （2） $[p_i, p_j] = 0$ （3） $[q_i, p_j] = i\hbar \delta_{ij}$

[**解**] 波動関数 ψ を $\{q_i\}, \{p_i\}$ の関数として交換子を作用させて計算する．

（1） 一般化座標 $\{q_i\}$ は量子力学では単に右へ乗じるのみで順序によらないので，$[q_i, q_j]\psi = (q_i q_j - q_j q_i)\psi = q_i q_j \psi - q_j q_i \psi = 0$ より，$[q_i, q_j] = 0$．

（2） $[p_i, p_j]\psi = -\hbar^2 \dfrac{\partial^2}{\partial q_i \partial q_j}\psi + \hbar^2 \dfrac{\partial^2}{\partial q_j \partial q_i}\psi = 0$

微分の結果は微分の順序によらないことを使った．これより，$[p_i, p_j] = 0$．

（3） $[q_i, p_j]\psi = q_i p_j \psi - p_j q_i \psi = q_i\left(-i\hbar \dfrac{\partial \psi}{\partial q_j}\right) - \left(-i\hbar \dfrac{\partial}{\partial q_j}\right) q_i \psi$

$\qquad = q_i\left(-i\hbar \dfrac{\partial \psi}{\partial q_j}\right) + i\hbar \delta_{ij} \psi - q_i\left(-i\hbar \dfrac{\partial \psi}{\partial q_j}\right)$

$\qquad = i\hbar \delta_{ij} \psi$

より，$[q_i, p_j] = i\hbar \delta_{ij}$．

なお，（1）～（3）の交換関係は，ポアッソン括弧式 (3.31) に対応している．

演習問題

[**1**] (6.15) で運動量演算子 p に採用する符号を決めよ．

[**2**] 高速 v で動く電子の位相速度 u は光速 c を超えることを示せ．群速度 v_g はどうなるか．

[3]　ハミルトン‐ヤコビの偏微分方程式からシュレーディンガー方程式 (6.37) を導くには，母関数 $W(q, \alpha, t)$ を用いて波動関数となるべき (6.35) の $\Psi(q, t) = e^{iW(q,\alpha,t)/\hbar}$ を定義した．このとき (6.37) はそのままでハミルトン‐ヤコビの偏微分方程式に書き直せることを示せ．

[4]　シュレーディンガー方程式 $i\hbar\, \partial\Psi(q, t)/\partial t = H(q, p, t)\Psi(q, t)$ の波動関数を $\Psi(q, t) = e^{iW(q,\alpha,t)/\hbar}$ とおく．ハミルトニアンを

$$H = -\frac{\hbar^2}{2m}\frac{\partial^2}{\partial q^2} + V(q)$$

とするとき，シュレーディンガー方程式は $\hbar \to 0$ の極限でハミルトン‐ヤコビの偏微分方程式に帰着することを示せ．

[5]　§6.4 (H が時間を含まない場合) の (6.26) で次元定数を $K = \hbar/i$ とおくと，波動関数の時間依存性は定常状態の形 (6.38) の $\Psi(q, t) = \phi(q)e^{-iEt/\hbar}$ になるが，正しい形のシュレーディンガー方程式は得られないことを示せ．

[6]　ド・ブロイの関係式 $p = h/\lambda$ を導け．

道標のない道

　1920 年代には，量子力学的波動方程式を探し出す努力が多くの物理学者によって試みられた．1905 年の特殊相対性理論の発表と，1919 年の重力場における光の湾曲の観測によって，波動方程式を相対論的に定式化しようとする機運が高まった．エネルギー運動量の関係式 $E^2 = p^2c^2 + m^2c^4$ に対応して，ハミルトニアン演算子を $H = \sqrt{p^2c^2 + m^2c^4}$ とする波動方程式に (6.18) の演算子を演算して

$$i\hbar \frac{\partial \psi}{\partial t} = \sqrt{-\hbar^2 c^2 \nabla^2 + m^2 c^4}\,\psi \quad \to \quad -\hbar^2 \frac{\partial^2 \psi}{\partial t^2} = (-\hbar^2 c^2 \nabla^2 + m^2 c^4)\psi$$

が考え出された．クライン‐ゴルドン方程式とよばれるこの式からは，次の連続の式が導かれる．

$$\frac{\partial}{\partial t}\rho(\boldsymbol{r}, t) + \mathrm{div}\,\boldsymbol{j} = 0$$

$$\rho(\boldsymbol{r},\ t) = \frac{i\hbar}{2mc^2}\left(\psi^*\frac{\partial \psi}{\partial t} - \psi\frac{\partial \psi^*}{\partial t}\right), \qquad \boldsymbol{j} = \frac{\hbar}{2im}\left(\psi^*\nabla\psi - \psi\nabla\psi^*\right)$$

　この結果とシュレーディンガー方程式からの結果との最も顕著な違いは，確率密度 $\rho(\boldsymbol{r},\ t)$ である．後者の場合，$\rho(\boldsymbol{r},\ t) = \psi^*\psi = |\psi|^2$ (6.22) となりマイナスになることはないが，ここで求めた上の結果はプラスに限られる保証はなく，全空間にわたる確率 $P = \int d\boldsymbol{r}\,\rho(\boldsymbol{r},\ t)$ がマイナスになる可能性がある．これでは確率の意味をなさず，波動関数の解釈も困難を極める．

　このような結果になったのは，ここでの波動方程式が時間に関して2階の微分形になっているためである．最も好ましい相対論的ハミルトニアンから出発して得られた波動方程式といえども，量子力学を記述する必要十分な方程式が得られるとは限らない．それはもともと量子の世界は古典力学のそれとは質的に異なり，量子化という飛躍が必要で，どの力学方程式にどんな量子化を行うかで得られる結果が違ってくるためである．クライン‐ゴルドン方程式は，その上，水素原子を正しく記述できない，$E = -\sqrt{-\hbar^2 c^2 \nabla^2 + m^2 c^4}$ はどうするのかなどの問題があった．しかしディラック (1902‐1984) は相対論的関係が正しくとり入れられたこの式をもとに，電子の相対論的量子力学の波動方程式（ディラック方程式）にたどり着いたのである．不条理を条理へ至らしめる天才のひらめきがあってのことであった．

　シュレーディンガーについて伝記を書いたムーアは，当時の状況を「彼らは何百という道からどれでも選ぶことができたが，どれにも道標はついていなかったのである．前の人が通って行った跡が明るく照らされて，やっと後から楽について行くことができるのである」と述べている．道標はまさに人が造るものですね．(「シュレーディンガー；その生涯と思想」小林澈郎，土佐幸子 共訳 (培風館))

演習問題解答

第 1 章

[1] (1.9), (1.10) から $\boldsymbol{a} = \dot{\boldsymbol{v}} = \boldsymbol{e}_r \ddot{r} + \dot{\boldsymbol{e}}_r \dot{r} + \boldsymbol{e}_\theta(\dot{r}\dot{\theta} + r\ddot{\theta}) + \dot{\boldsymbol{e}}_\theta r\dot{\theta}$.
単位ベクトルの微分は (1.5) を用い，デカルト座標の x 軸，y 軸向きの単位ベクトルを $\boldsymbol{i}, \boldsymbol{j}$ とする．$\boldsymbol{i}, \boldsymbol{j}$ は時間が経っても変化しないことに注意して

$$\begin{pmatrix} \dot{\boldsymbol{e}}_r \\ \dot{\boldsymbol{e}}_\theta \end{pmatrix} = \dot{\theta}\begin{pmatrix} -\sin\theta & \cos\theta \\ -\cos\theta & -\sin\theta \end{pmatrix}\begin{pmatrix} \boldsymbol{i} \\ \boldsymbol{j} \end{pmatrix} = \dot{\theta}\begin{pmatrix} 0 & 1 \\ -1 & 0 \end{pmatrix}\begin{pmatrix} \boldsymbol{e}_r \\ \boldsymbol{e}_\theta \end{pmatrix}$$

最後の変形には (1.6) を使った．これを上の加速度の式に用いると

$$\boldsymbol{a} = \boldsymbol{e}_r(\ddot{r} - r\dot{\theta}^2) + \boldsymbol{e}_\theta(2\dot{r}\dot{\theta} + r\ddot{\theta})$$

となり，各成分が求まる．

[2] (1.13) の全微分を求めると

$$\begin{pmatrix} dx \\ dy \\ dz \end{pmatrix} = dr\begin{pmatrix} \sin\theta\cos\phi \\ \sin\theta\sin\phi \\ \cos\theta \end{pmatrix} + r\begin{pmatrix} d\theta\cos\theta\cos\phi - d\phi\sin\theta\sin\phi \\ d\theta\cos\theta\sin\phi + d\phi\sin\theta\cos\phi \\ -d\theta\sin\theta \end{pmatrix}$$

$$= \begin{pmatrix} \sin\theta\cos\phi & \cos\theta\cos\phi & -\sin\phi \\ \sin\theta\sin\phi & \cos\theta\sin\phi & \cos\phi \\ \cos\theta & -\sin\theta & 0 \end{pmatrix}\begin{pmatrix} dr \\ r\,d\theta \\ r\sin\theta\,d\phi \end{pmatrix}$$

これを (1.12 a) と比較すると，デカルト座標と極座標間の線素ベクトル成分の変換式に対応しているので，右辺最後のベクトル成分が求める線素成分である．

[3] ここでは単位ベクトル $\boldsymbol{e}_r$ 等の時間変化を使う方法で求める．$\boldsymbol{r} = r\boldsymbol{e}_r$ の時間変化率は $\boldsymbol{v} = \dot{\boldsymbol{r}} = \dot{r}\boldsymbol{e}_r + r\dot{\boldsymbol{e}}_r$．(1.12 b) からデカルト座標系と極座標系間の単位ベクトルの変換式は

$$\begin{pmatrix} \boldsymbol{e}_r \\ \boldsymbol{e}_\theta \\ \boldsymbol{e}_\phi \end{pmatrix} = \begin{pmatrix} \sin\theta\cos\phi & \sin\theta\sin\phi & \cos\theta \\ \cos\theta\cos\phi & \cos\theta\sin\phi & -\sin\theta \\ -\sin\phi & \cos\phi & 0 \end{pmatrix}\begin{pmatrix} \boldsymbol{i} \\ \boldsymbol{j} \\ \boldsymbol{k} \end{pmatrix} \qquad (\mathrm{a})$$

時間で微分してまとめなおすと

$$\begin{pmatrix} \dot{e}_r \\ \dot{e}_\theta \\ \dot{e}_\phi \end{pmatrix} = \begin{pmatrix} 0 & \dot{\theta} & \dot{\phi}\sin\theta \\ -\dot{\theta} & 0 & \dot{\phi}\cos\theta \\ -\dot{\phi}\sin\theta & -\dot{\phi}\cos\theta & 0 \end{pmatrix} \begin{pmatrix} e_r \\ e_\theta \\ e_\phi \end{pmatrix} \quad \text{(b)}$$

これより $\dot{e}_r$ を求め，上の速度の式に代入すると $v = \dot{r}e_r + r\dot{\theta}e_\theta + r\dot{\phi}\sin\theta e_\phi$ となり，これより成分が求まる．

[4] [3] で求めた速度 v を時間で微分すると

$$a = \dot{v}$$
$$= \ddot{r}e_r + \dot{r}\dot{e}_r + (\dot{r}\dot{\theta} + r\ddot{\theta})e_\theta + r\dot{\theta}\dot{e}_\theta$$
$$\quad + (\dot{r}\dot{\phi}\sin\theta + r\ddot{\phi}\sin\theta + r\dot{\phi}\dot{\theta}\cos\theta)e_\phi + r\dot{\phi}\sin\theta\,\dot{e}_\phi$$

単位ベクトルの時間微分に，[3] で求めた (b) を用いると次の結果を得る．

$$a = (\ddot{r} - r\dot{\theta}^2 - r\dot{\phi}^2\sin^2\theta)\,e_r + (2\dot{r}\dot{\theta} + r\ddot{\theta} - r\dot{\phi}^2\sin\theta\cos\theta)\,e_\theta$$
$$+ \{(2\dot{r}\dot{\phi} + r\ddot{\phi})\sin\theta + 2r\dot{\theta}\dot{\phi}\cos\theta\}\,e_\phi$$

[5] ベクトル A のデカルト座標成分 $A = (A_x, A_y, A_z)$ と円筒座標成分 $A = (A_\rho, A_\phi, A_z)$ の間の変換関係は次の (a) のように，逆変換は転置行列を用いて (b) のように表される（図参照）．

$$\begin{pmatrix} A_x \\ A_y \\ A_z \end{pmatrix} = \begin{pmatrix} \cos\phi & -\sin\phi & 0 \\ \sin\phi & \cos\phi & 0 \\ 0 & 0 & 1 \end{pmatrix} \begin{pmatrix} A_\rho \\ A_\phi \\ A_z \end{pmatrix} \quad \text{(a)}$$

$$\begin{pmatrix} A_\rho \\ A_\phi \\ A_z \end{pmatrix} = \begin{pmatrix} \cos\phi & \sin\phi & 0 \\ -\sin\phi & \cos\phi & 0 \\ 0 & 0 & 1 \end{pmatrix} \begin{pmatrix} A_x \\ A_y \\ A_z \end{pmatrix} \quad \text{(b)}$$

位置ベクトル r と e_ϕ は直交するので，r の成分は $r(\rho, 0, z)$ と表され

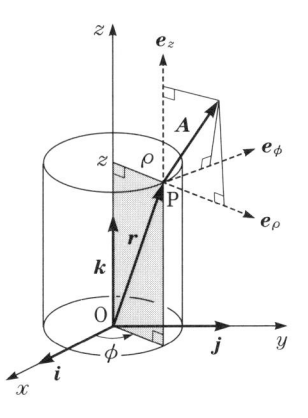

$$v = \dot{r} = \frac{d}{dt}(\rho e_\rho + z e_z) = \dot{\rho}e_\rho + \rho\dot{e}_\rho + \dot{z}e_z + z\dot{e}_z$$

最右辺の最後の項は，デカルト座標の z 軸の向きの単位ベクトルと同じで ($e_z = k$)，時間変化はしないので 0．$\dot{e}_\rho$ は上の (b) から $\dot{e}_\rho = -\dot{\phi}\sin\phi\,i + \dot{\phi}\cos\phi\,j$．(a) を用いて単位ベクトルの間の関係式を求め，i, j に代入すると，速度は次のようになり成分が求まる．

$$v = \dot{\rho}e_\rho + \rho\dot{\phi}e_\phi + \dot{z}e_z$$

加速度は，v を時間で微分し，全く同じ手続によって次のように求まる．

$$a = (\ddot{\rho} - \rho\dot{\phi}^2)\,e_\rho + (2\dot{\rho}\dot{\phi} + \rho\ddot{\phi})\,e_\phi + \ddot{z}e_z$$

[6] 円筒座標表示による運動エネルギーは，[5] で求めた速度を用いて

$$T = \frac{1}{2} m\boldsymbol{v}^2 = \frac{1}{2} m\left(\dot{\rho}^2 + \rho^2\dot{\phi}^2 + \dot{z}^2\right)$$

これより，ρ, ϕ, z に正準共役な一般化運動量は

$$p_\rho = \frac{\partial T}{\partial \dot{\rho}} = m\dot{\rho}, \qquad p_\phi = \frac{\partial T}{\partial \dot{\phi}} = m\rho^2\dot{\phi}, \qquad p_z = \frac{\partial T}{\partial \dot{z}} = m\dot{z}$$

となる．

　ちなみに，p_ρ, p_z は運動量の次元をもち，p_ϕ は z 軸の周りの角運動量という意味をもつ量である．

[7] (1.47) で x, y 成分のみが存在する場合は，$F_z = 0$, $\theta = \pi/2$ とおき，
$G_1 = F_x \cos\phi + F_y \sin\phi$
$G_3 = r\left(-F_x \sin\phi + F_y \cos\phi\right)$
いま，図のようにベクトル $\overrightarrow{\mathrm{OP}} = \boldsymbol{r}$ の先端 P に外力 $\boldsymbol{F}$ が作用する場合，G_1 は力の $\boldsymbol{r}$ 方向成分 PQ になっている．また G_3 の括弧の部分は力の $\boldsymbol{r}$ に垂直な成分 $\mathrm{RS} - \mathrm{QR} = \mathrm{QS}$ になっているので，G_3 は原点 O の周りの力のモーメントになっている．

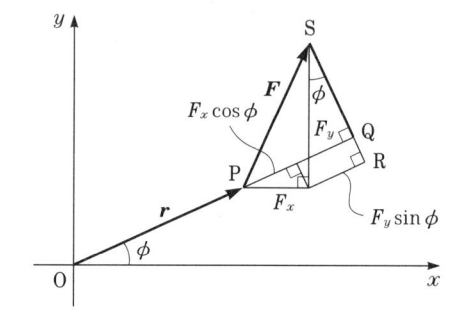

第 2 章

[1] (1.40) より

$$\frac{\partial \dot{x}_j}{\partial \dot{q}_i} = \frac{\partial}{\partial \dot{q}_i}\frac{dx_j}{dt} = \frac{\partial}{\partial \dot{q}_i}\left(\sum_{k=1}^{3N}\frac{\partial x_j}{\partial q_k}\dot{q}_k + \frac{\partial x_j}{\partial t}\right) = \frac{\partial x_j}{\partial q_i}$$

また，上の結果を用いて

$$\frac{d}{dt}\left(\frac{\partial \dot{x}_j}{\partial \dot{q}_i}\right) = \frac{d}{dt}\frac{\partial x_j}{\partial q_i} = \frac{\partial}{\partial q_i}\frac{dx_j}{dt} = \frac{\partial \dot{x}_j}{\partial q_i}$$

[2] (1) 求まる運動方程式は同じ $m\ddot{x} = 0$（自由粒子の運動）である．
　(2) 同じ方程式 $m\ddot{x} + \lambda\dot{x} + kx = 0$（摩擦の存在する調和振動子）が得られる．

[3] (1) $dl = \sqrt{dx^2 + dy^2} = \sqrt{1 + (dy/dx)^2}\,dx$ で与えられるので，$l = \int dl$
$= \int_{x_1}^{x_2}\sqrt{1 + y'^2}\,dx$．(2.30) の $F(x, \dot{x}, t) \to F(y, y', x) = \sqrt{1 + y'(x)^2}$ の対応

と独立変数に注意して (2.35) に代入すると, $y''(1+y'^2)^{-3/2} = 0$. ゆえに $y'' = 0$, $y' = a$, $y = ax + b$ となり, 2 点の最短経路は直線である.

(2) 原点を位置エネルギーの基準点とし, 点 $P(x, y)$ での速さを v とすると, $E = T(\dot{x}, \dot{y}) + U(x, y) = (1/2)mv^2 - mgx = 0$ より $v = \sqrt{2gx}$. $dl = \sqrt{1+y'^2}\,dx$ を通過するのに要する時間は $dt = dl/v$ より, 点 A までの時間は

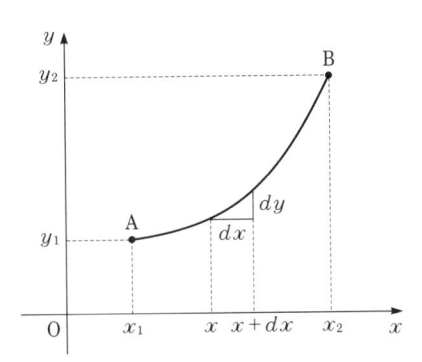

$$t = \int dt = \int_0^{x_1} \frac{\sqrt{1+y'^2}}{\sqrt{2gx}}\,dx$$

これより $F(y, y', x) = \sqrt{(1+y'^2)/x}$ とおいてオイラーの方程式に代入すると,

$$\frac{y'}{\sqrt{x(1+y'^2)}} = -\mathrm{定}\left(=\sqrt{\frac{1}{2a}}\right)$$

を得る. これより

$$y' = \sqrt{\frac{x}{2a-x}}\ (\geqq 0), \qquad y = \int_0^x \sqrt{\frac{x}{2a-x}}\,dx$$

いま, $x = a(1-\cos\theta)$ とおくと, $y = 2a \int_0^\theta \sin^2(\theta/2)\,d\theta = a(\theta - \sin\theta)$. 求まった x, y は図に示すようなサイクロイドとよばれる曲線を描く. 半径 a の円が原点 O から y 軸に接して転がるとき, 線分 OQ = 円弧 PQ となる点 P の軌跡の描く曲線で, 求める曲線はその一部である.

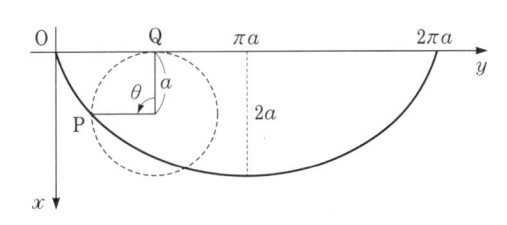

[4] $x = l\cos\theta$, $y = S(t) + l\sin\theta$ より運動エネルギー $T = (1/2)m(\dot{x}^2 + \dot{y}^2)$ を求める. ポテンシャルエネルギー U は y 軸上をゼロにとると $U = -mgl\cos\theta$. ラグランジアンは

$$L = T - U = \frac{1}{2}ml^2\dot{\theta}^2 + ml\dot{S}\dot{\theta}\cos\theta + \frac{1}{2}m\dot{S}^2 + mgl\cos\theta$$

これより, 角度座標 θ に関する運動方程式は $\ddot{\theta} + \omega^2\sin\theta + (\ddot{S}/l)\cos\theta = 0$, ここに $\omega^2 = g/l$. θ が小さいと, $\ddot{\theta} + \omega^2\theta + \ddot{S}/l = 0$.

(1), (2) とも運動方程式は $\ddot{\theta} + \omega^2\theta = 0$, これより単振動 $\theta = A\sin(\omega t + \alpha)$ となる.

(3) $\ddot{S} = a$ より運動方程式は $\ddot{\theta} + \omega^2 \theta = -a/l$ で，一般解は上に求めた単振動．特解は $\theta = C$（定数）とおいて上の式に代入すると，$C = -a/g$．これより一般解は $\theta = A\sin(\omega t + \alpha) - a/g$．振動は図のようになる．

(4) 運動方程式は $\ddot{\theta} + \omega^2 \theta = (S_0 \omega_0^2 / l)\cos \omega_0 t$，特解を $\theta = B\cos \omega_0 t$ とおいて代入すると $B = S_0 \omega_0^2 / l(\omega^2 - \omega_0^2)$ となるので，一般解は

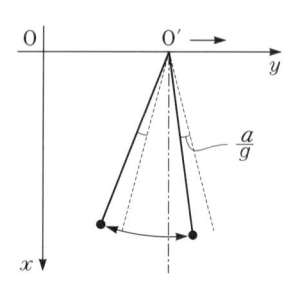

$$\theta = A\sin(\omega t + \alpha) + \frac{S_0 \omega_0^2}{l(\omega^2 - \omega_0^2)}\cos \omega_0 t$$

ω_0 が ω に近いとき共鳴振動となる．

[5] (1) 小球の速度成分は，$v_r = \dot{r}$, $v_\theta = R\dot{\theta} = r\dot{\theta}\sin\alpha$ となるので，運動エネルギーは $T = (1/2)m(\dot{r}^2 + r^2\dot{\theta}^2\sin^2\alpha)$．ポテンシャルエネルギーは最下点Oをゼロとして $U = mgr\cos\alpha$．これよりラグランジュ方程式を作ると，r 成分は

$$m\ddot{r} = mr\dot{\theta}^2 \sin^2 \alpha - mg\cos\alpha \qquad (a)$$

θ 成分は

$$\frac{d}{dt}(mr^2\dot{\theta}\sin^2\alpha) = 0 \qquad (b)$$

となる．

(2) 円運動をするときの動径を $r = r_0$ とすると，(b)より $mr_0^2\dot{\theta}\sin^2\alpha = $ 一定，ゆえに $\dot{\theta} = \Omega = $ 一定．また(a)の左辺がゼロとなるので，円運動の条件は

$$r_0 \Omega^2 \sin^2 \alpha = g\cos\alpha \qquad (c)$$

となる．

(3) (b)から $mr^2 \Omega \sin^2 \alpha = mC = $ 一定 とおき（この式を(d)とする），この式より Ω を(a)の $\dot{\theta}$ に代入すると $\ddot{r} = C^2/r^3 \sin^2\alpha - g\cos\alpha$．いま，$r$ の向きの小さな撃力による r の微小変化を $\rho(t)$ とし，上式の r を $r = r_0 + \rho(t)$ でおきかえる．このとき

$$r^{-3} = (r_0 + \rho)^{-3} = \frac{1}{r_0^3}\left(1 + \frac{\rho}{r_0}\right)^{-3} = \frac{1}{r_0^3}\left(1 - \frac{3\rho}{r_0}\right)$$

と近似すると次の式を得る．

$$\ddot{\rho} = \frac{C^2}{\sin^2\alpha}\frac{1}{r_0^3} - g\cos\alpha - \frac{C^2}{\sin^2\alpha}\frac{3}{r_0^4}\rho \qquad (e)$$

この式の第1項と第2項はキャンセルすることが次のようにしてわかる．撃力は r の向きなので θ の向きには変化をおよぼさないため，角運動量の保存を示

す(b)はそのまま成り立ち,(d)も成り立つ.(d)から動径が $r = r_0$ の円運動のとき $C = r_0^2 \Omega \sin^2 \alpha$. この C と,円運動の条件(c)の Ω を(e)に用いると第1項と第2項が相殺して $\ddot{\rho} = -(3/r_0)g\cos\alpha \cdot \rho$ が得られる.これより $\rho(t) = A\sin(\omega_0 t + \beta)$,ここに $\omega_0^2 = (3/r_0)\,g\cos\alpha$.これは図のように $r = r_0$ の周りに微小振動する軌道となる.小球が1周するのに要する時間(周期)を T とすると,$\Omega T = 2\pi$.この間に微小振動の位相は $\omega_0 T = 2\pi(\omega_0/\Omega) = 2\pi(\sqrt{3}\sin\alpha)$ だけ進み,一般には 2π の整数倍にはならないことに注意して軌道を描くと図のようになる.

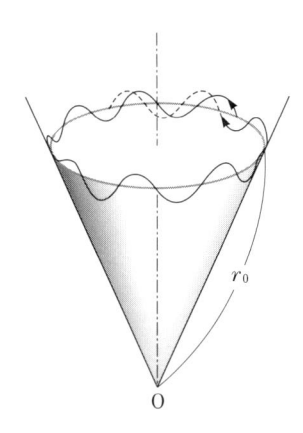

[**6**] (1) $\quad L = \dfrac{1}{2}m(\dot{r}^2 + r^2\dot{\theta}^2) - \dfrac{1}{2}k(r-l)^2 + mgr\cos\theta$

運動方程式の動径成分; $\quad m\ddot{r} = mr\dot{\theta}^2 - k(r-l) + mg\cos\theta$

角度成分; $\quad \dfrac{d}{dt}(mr^2\dot{\theta}) = -mgr\sin\theta$

となる.

(2) 並進運動のエネルギー; $(1/2)m\dot{x}^2$, C の周りの回転運動エネルギー; $(1/2)I\dot{\theta}^2$, O' を基準にした重力のポテンシャルエネルギー; $-mg(x_0 + x)$, バネの内部エネルギー; $(1/2)k(x + x_0 + a\theta)^2 + (1/2)k(x + x_0 - a\theta)^2$ となるので,ラグランジアンは

$$L = \frac{1}{2}m\dot{x}^2 + \frac{1}{2}I\dot{\theta}^2 - \frac{1}{2}k(x + x_0 + a\theta)^2 - \frac{1}{2}k(x + x_0 - a\theta)^2 + mg(x + x_0)$$

力のつり合いから,$2kx_0 = mg$ の関係があることに注意して運動方程式を求めると,並進運動は $m\ddot{x} = -2kx$,回転運動は $I\ddot{\theta} = -2ka^2\theta$ となり,$I = (1/3)ma^2$ を代入すると $m\ddot{\theta} = -6k\theta$ となる.
(注意: 運動方程式には重力の影響は現れなくなるので,棒を吊したときの伸びは始めから考慮してよい.基本振動数は並進運動 $\sqrt{2k/m}$,回転振動 $\sqrt{6k/m}$ である.)

(3) 自然のつり合いの位置 x_{10}, x_{20} からの変位を x_1, x_2 とする.質点2への外力によるポテンシャルエネルギーは,質点1を x_1 変位させ,質点2を実質 $(x_2 - x_1)$ 変位させる仕事をするので,結局 $x_2 f \sin\omega_0 t$ になる.

$$L = \frac{1}{2}m(\dot{x}_1^2 + \dot{x}_2^2) - \frac{1}{2}k_1 x_1^2 - \frac{1}{2}k_2(x_2 - x_1)^2 - x_2 f \sin\omega_0 t$$

運動方程式は質点1,2について

$$m\ddot{x}_1 = -(k_1 + k_2)x_1 + k_2 x_2, \qquad m\ddot{x}_2 = -k_2 x_2 + k_2 x_1 + f \sin \omega_0 t$$

となる。

(4) 自然のつり合いの位置 x_{10}, x_{20}, x_{30} からの変位を x_1, x_2, x_3 とする。運動エネルギーは

$$T = \frac{1}{2} m (\dot{x}_1{}^2 + \dot{x}_2{}^2 + \dot{x}_3{}^2)$$

ポテンシャルエネルギーは

$$U = \frac{1}{2} k_1 x_1^2 + \frac{1}{2} k_2 (x_2 - x_1)^2 + \frac{1}{2} k_3 (x_3 - x_2)^2 + \frac{1}{2} k_4 x_3^2$$

となるので，ラグランジアンが求まる。運動方程式は質点 1, 2, 3 について

$$m\ddot{x}_1 = -(k_1 + k_2) x_1 + k_2 x_2$$
$$m\ddot{x}_2 = k_2 x_1 - (k_2 + k_3) x_2 + k_3 x_3$$
$$m\ddot{x}_3 = k_3 x_2 - (k_3 + k_4) x_3$$

となる。

[7] (1) ポテンシャルエネルギーはそれぞれ $-\gamma(1/r)$，qr，$(1/2)kr^2$ となるので，極座標によるラグランジアンはそれぞれの場合を（ ）で一緒に表すと

$$L = \frac{1}{2} m (\dot{r}^2 + r^2 \dot{\theta}^2) - \left(-\gamma \frac{1}{r}, \; qr, \; \frac{1}{2} kr^2 \right)$$

となる。

(2) 同様に，運動方程式の動径成分は

$$m\ddot{r} - mr\dot{\theta}^2 = \left(-\gamma \frac{1}{r^2}, \; -q, \; -kr \right)$$

角度成分は共通に

$$\frac{d}{dt} (mr^2 \dot{\theta}) = 0$$

となる。

(3) 角運動量を $mr^2 \dot{\theta} = l$ とおくと，遠心力は $mr\dot{\theta}^2 = l^2/mr^3$ となるので動径部分の運動方程式は，

$$m\ddot{r} - \frac{l^2}{mr^3} = \left(-\gamma \frac{1}{r^2}, \; -q, \; -kr \right)$$

となる。

(4) 半径 r_0 のときの遠心力が外力の中心力（引力）と等しいとおくことにより，それぞれ

$$r_0 = \left(\frac{l^2}{m\gamma}, \; \sqrt[3]{\frac{l^2}{mq}}, \; \sqrt[4]{\frac{l^2}{mk}} \right)$$

となる。

(5) (3)の角運動量 l に角速度 $\dot{\theta} = \omega$ が含まれるので，(4)で求めた関係から

$$\omega = \left(\sqrt{\frac{\gamma}{mr_0^3}},\ \sqrt{\frac{q}{mr_0}},\ \sqrt{\frac{k}{m}}\right)$$

となり，周期は $T = 2\pi/\omega$ より求められる．

(6) (1)より全力学的エネルギー E は

$$E = T + U = \frac{1}{2}m(\dot{r}^2 + r^2\dot{\theta}^2) + \left(-\gamma\frac{1}{r},\ qr,\ \frac{1}{2}kr^2\right)$$

半径 r_0 の円運動を行う場合の E を求めると，$\dot{\theta}$ に(5)の ω を代入して

$$E = \left(-\frac{1}{2}\frac{\gamma}{r_0},\ \frac{3}{2}qr_0,\ kr_0^2\right)$$

となる．

第 3 章

[1] 作用積分は

$$I = \int_{t_1}^{t_2} L\,dt = \int_{t_1}^{t_2}\left\{\sum_{i=1}^{3N} p_i\dot{q}_i - H(\{q_i\},\{p_i\})\right\}dt$$

変分をとると

$$\delta I = \int_{t_1}^{t_2}\left\{\sum_{i=1}^{3N}\left(\delta p_i\dot{q}_i + p_i\,\delta\dot{q}_i - \frac{\partial H}{\partial q_i}\delta q_i - \frac{\partial H}{\partial p_i}\delta p_i\right)\right\}dt$$

いま，第2項の積分は，

$$\int_{t_1}^{t_2} p_i\frac{d}{dt}(\delta q_i)\,dt = [p_i\,\delta q_i]_{t_1}^{t_2} - \int_{t_1}^{t_2}\dot{p}_i\,\delta q_i\,dt$$

この右辺の第1項は (2.29) によりゼロだから，変分原理は

$$\delta I = \int_{t_1}^{t_2}\sum_{i=1}^{3N}\left(\dot{q}_i - \frac{\partial H}{\partial p_i}\right)\delta p_i\,dt - \int_{t_1}^{t_2}\sum_{i=1}^{3N}\left(\dot{p}_i + \frac{\partial H}{\partial q_i}\right)\delta q_i\,dt = 0$$

これが恒等的に成り立つためには δp_i, δq_i の係数が常にゼロ，したがって

$$\dot{q}_i = \frac{\partial H}{\partial p_i},\qquad \dot{p}_i = -\frac{\partial H}{\partial q_i}$$

で，ハミルトンの正準方程式が導かれる．

[2] [例題3.2] より，電磁場のハミルトニアンは

$$H = \frac{1}{2m}(\boldsymbol{p} - e\boldsymbol{A})^2 + e\phi$$

ここに2つのポテンシャル $\boldsymbol{A}$ と ϕ の関数形は $\boldsymbol{A} = \boldsymbol{A}(x,\ y,\ z,\ t)$, $\phi = \phi(x,\ y,\ z,\ t)$ である (§2.8参照)．x 成分のハミルトンの正準方程式を作ると，

136　演習問題解答

$$\dot{x} = \frac{\partial H}{\partial p_x}$$
$$= \frac{1}{m}(p_x - eA_x) \tag{a}$$

$$\dot{p}_x = -\frac{\partial H}{\partial x}$$
$$= \frac{e}{m}\left\{(p_x - eA_x)\frac{\partial A_x}{\partial x} + (p_y - eA_y)\frac{\partial A_y}{\partial x} + (p_z - eA_z)\frac{\partial A_z}{\partial x}\right\} - e\frac{\partial \phi}{\partial x} \tag{b}$$

(a) より一般化運動量は $p_x = m\dot{x} + eA_x$ となり, y, z についても同様に求まる. これらを (b) に代入して

$$m\ddot{x} + e\dot{A}_x = e\left(\dot{x}\frac{\partial A_x}{\partial x} + \dot{y}\frac{\partial A_y}{\partial x} + \dot{z}\frac{\partial A_z}{\partial x}\right) - e\frac{\partial \phi}{\partial x}$$

ここで, $\dot{A}_x = (\partial A_x/\partial x)\dot{x} + (\partial A_x/\partial y)\dot{y} + (\partial A_x/\partial z)\dot{z} + (\partial A_x/\partial t)$ を用いると上式は

$$m\ddot{x} = e\left\{\dot{y}\left(\frac{\partial A_y}{\partial x} - \frac{\partial A_x}{\partial y}\right) - \dot{z}\left(\frac{\partial A_x}{\partial z} - \frac{\partial A_z}{\partial x}\right)\right\} - e\left(\frac{\partial \phi}{\partial x} + \frac{\partial A_x}{\partial t}\right)$$

中括弧の中は

$$\dot{y}(\nabla \times \boldsymbol{A})_z - \dot{z}(\nabla \times \boldsymbol{A})_y = [\dot{\boldsymbol{r}} \times (\nabla \times \boldsymbol{A})]_x$$

となるので, 運動方程式の x 成分は

$$m\ddot{x} = -e\left(\frac{\partial \phi}{\partial x} + \frac{\partial A_x}{\partial t}\right) + e[\dot{\boldsymbol{r}} \times (\nabla \times \boldsymbol{A})]_x$$

y, z についても同様に求まる. これを電場 $\boldsymbol{E}$ と磁束密度 $\boldsymbol{B}$ (2.56) を用いて表すと

$$m\ddot{\boldsymbol{r}} = -e\left(\nabla\phi + \frac{\partial \boldsymbol{A}}{\partial t}\right) + e[\dot{\boldsymbol{r}} \times (\nabla \times \boldsymbol{A})]$$
$$= e(\boldsymbol{E} + \dot{\boldsymbol{r}} \times \boldsymbol{B})$$

なるニュートンの運動方程式の形が得られる. 右辺は, この電荷に作用する電磁気力という意味をもち, ローレンツ力とよばれる.

[3] 摩擦力のない場合は [例題 3.4] より, 位相空間の軌跡の進む速度 V の成分は, $V_q = p/m$, $V_p = -kq$ となり楕円の軌跡となった. 摩擦力 $G_{x'} = -\lambda\dot{q}$ が作用すると, (3.14 a) より $V_{q'} = \dot{q} = p/m$, $V_{p'} = \dot{p} = -kq - \lambda\dot{q} = V_p - (\lambda/m)p$ となる. すなわち, q 成分は不変で p 成分が変化する. これにともない, 位相空間の軌跡の進む速度は V から V' へ変化し, 図のように右回りの渦巻き形となり, 原点へ収束していく.

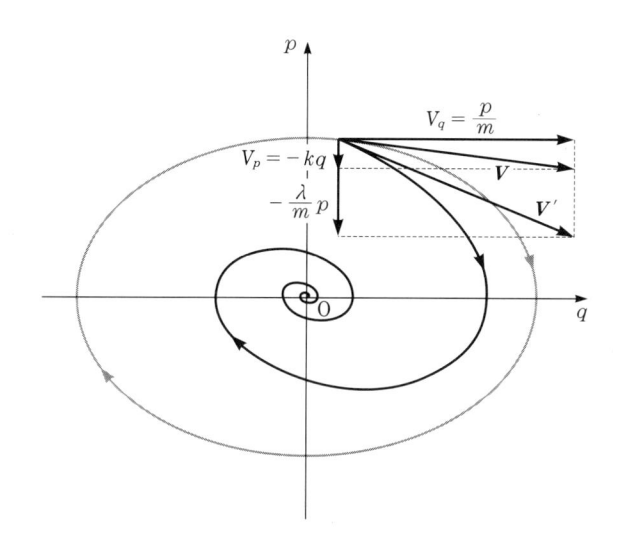

[4] (3.15) を用いて
$$\sum_i p_i\dot{q}_i = \frac{1}{m}\,p_r{}^2 + \frac{1}{mr^2}\,p_\theta{}^2 + \frac{1}{mr^2\sin^2\theta}\,p_\phi{}^2$$
(3.16) より
$$L = T - U = \frac{1}{2m}\left(p_r{}^2 + \frac{1}{r^2}\,p_\theta{}^2 + \frac{1}{r^2\sin^2\theta}\,p_\phi{}^2\right) - U$$
この 2 つから
$$H = \sum_i p_i\dot{q}_i - L = \frac{1}{2m}\left(p_r{}^2 + \frac{1}{r^2}\,p_\theta{}^2 + \frac{1}{r^2\sin^2\theta}\,p_\phi{}^2\right) + U$$
となる.

[5] (1) ポテンシャルエネルギーは
$$U(q) = -\int_0^q F(q)\,dq = \frac{1}{2}\,\lambda q^2 - \frac{1}{3}\,aq^3$$
となるので,
$$L = T - U = \frac{1}{2}\,m\dot{q}^2 - \frac{1}{2}\,\lambda q^2 + \frac{1}{3}\,aq^3$$
となる.

(2) $p = \partial L/\partial \dot{q} = m\dot{q}$ より $\dot{q} = p/m$. ゆえに
$$H = p\dot{q} - L = \frac{p^2}{2m} + \frac{1}{2}\,\lambda q^2 - \frac{1}{3}\,aq^3$$
となる.

(3) $\dot{q} = \dfrac{p}{m}, \quad \dot{p} = -\lambda q + aq^2$

(4) 全力学的エネルギーは
$$E = T + U = \dfrac{p^2}{2m} + \dfrac{1}{2}\lambda q^2 - \dfrac{1}{3}aq^3$$

時間微分は
$$\dfrac{dE}{dt} = \dfrac{p}{m}\dot{p} + (\lambda q - aq^2)\dot{q} = \dfrac{p}{m}(-\lambda q + aq^2) + (\lambda q - aq^2)\dfrac{p}{m} = 0$$

より，E は保存する．

(5) 図の上段には，ポテンシャルエネルギー $U(q)$，下段には位相空間の軌跡が示されている．$U_x = U(q_x)$ はポテンシャルの極大値である．

(1) $E = T + U > U_x$ の場合は，右側から $p < 0$ で入射してきた粒子は，ポテンシャルの内側（$q < 0$ の領域）の壁で反射され，$p > 0$ となって $q > 0$ の領域に飛び去る．位相空間の軌跡は下段の (1) のようになる．q_x の点で T が極小となるので，運動量 p の大きさも極小となる．

(2) 外側から $E < U_x$ で入射してきた粒子は，ポテンシャルの壁に阻まれて反射され，飛び去るので，軌跡は (2) のようになる．
ちなみに，量子力学の場合は粒子がポテンシャルの壁を通り抜け内側に達する確率がゼロではない（トンネル効果という）．

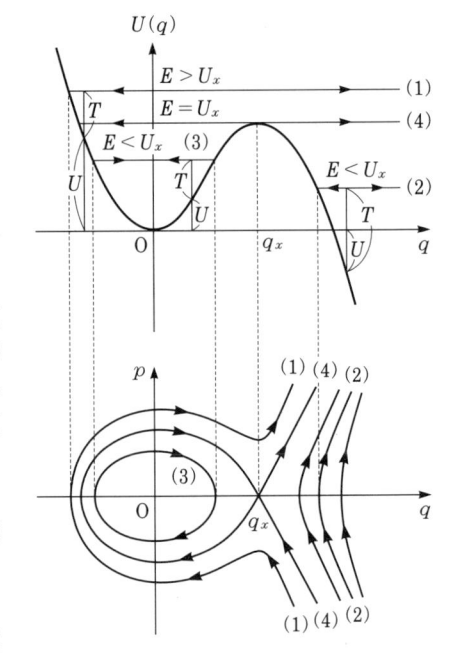

(3) ポテンシャルの内側に粒子があって，$E < U_x$ の条件の場合は，ポテンシャルに閉じ込められて束縛された周期運動となり，軌跡は (3) のようになる．（量子力学では，このときもトンネル効果が起きる．）

(4) $E = U_x$ の場合は，点 q_x で反射されて飛び去る場合と，ポテンシャルの中に入り内側の壁で反射されて点 q_x へもどってくる場合がある．軌跡は (4)．

[6] デカルト座標の3つの軸の向きの単位ベクトルを i, j, k とする. $r = q_1 i + q_2 j + q_3 k$ とすると,$L = r \times p = iL_1 + jL_2 + kL_3$ から軌道角運動量 L の3つの成分は, $L_1 = q_2 p_3 - q_3 p_2$ のように循環番号の形になる.ハミルトニアンは,中心力ポテンシャルを $U(r)$ として

$$H = \frac{1}{2m} p^2 + U(r), \qquad r = \sqrt{q_1{}^2 + q_2{}^2 + q_3{}^2} \tag{a}$$

軌道角運動量の時間変化は (3.35) を用いて

$$\frac{dL_1}{dt} = [L_1, H]_{qp}$$
$$= \frac{1}{2m} \sum_{k=1}^{3} \left(\frac{\partial L_1}{\partial q_k} \frac{\partial p^2}{\partial p_k} - \frac{\partial L_1}{\partial p_k} \frac{\partial p^2}{\partial q_k} \right) + \sum_{k=1}^{3} \left(\frac{\partial L_1}{\partial q_k} \frac{\partial U}{\partial p_k} - \frac{\partial L_1}{\partial p_k} \frac{\partial U}{\partial q_k} \right)$$

第1項;$\frac{1}{2m}(2p_2 p_3 - 2p_3 p_2) = 0$, 第2項;$-q_2 \frac{\partial U}{\partial q_3} + q_3 \frac{\partial U}{\partial q_2}$

いま (a) から $(\partial U / \partial q_k) = (q_k / r) \partial U / \partial r$ となるので,後者は $(-q_3 q_2 + q_2 q_3)(1/r) \partial U / \partial r = 0$, したがって $dL_1/dt = 0$. L_2, L_3 についても同様になるので,軌道角運動量は大きさ,向きともに時間的に変化せず運動の恒量である.

第 4 章

[1] (4.25) の場合,すなわち W は $\{q_i\}, \{Q_i\}, t$ の関数であるとする. (4.22) の変分をとると

$$\delta \int_{t_1}^{t_2} dW(\{q_i\}, \{Q_i\}, t) = \delta [W(\{q_i\}, \{Q_i\}, t)]_{t_1}^{t_2}$$
$$= \sum_j \left[\frac{\partial W}{\partial q_j} \delta q_j(t) + \frac{\partial W}{\partial Q_j} \delta Q_j(t) \right]_{t_1}^{t_2}$$

となり,$\delta q_i(t_1), \delta Q_i(t_1)$ などは (2.29) で設定したように,時間の両端 t_1, t_2 でゼロ,したがって W の項は変分には影響を与えず,変分原理が成り立つ.

[2] 母関数の形から I 型の正準変換に相当する.ハミルトニアンを

$$H(q, p) = \frac{1}{2} \left(\sqrt{\frac{1}{m}} p' \right)^2 + \frac{1}{2} (\sqrt{k} q')^2 = \frac{1}{2} p^2 + \frac{1}{2} q^2$$

と変形して変数を (q, p) に変換しておく.$W(q, Q)$ の形から正準変換 I (4.29a) を使う. (4.26) により

$$P = -\frac{\partial W}{\partial Q} = \frac{q^2}{2} \frac{1}{\sin^2 Q}, \qquad q^2 = 2P \sin^2 Q \tag{a}$$

また

$$p = \frac{\partial W}{\partial q} = q \cot Q \tag{b}$$

この q, p を H に代入して変換されたハミルトニアンは $\mathscr{H} = P$ と求まる．正準変換された力学系でハミルトンの正準方程式を解くと，$\dot{Q} = \partial \mathscr{H}/\partial P = 1$, $Q = t + c_1$．また $\dot{P} = -\partial \mathscr{H}/\partial Q = 0$, $P = c_2$．これらを上の (a), (b) に代入して，$q = \sqrt{2c_2} \sin(t + c_1)$, $p = \sqrt{2c_2} \cos(t + c_1)$．この段階では t はラジアン（無次元）である．求める力学変数は (q', p') であり，t に時間次元をもたせるには $t \to \omega t$（ω は角振動数）とすればよい．$q = \sqrt{k}\, q' = \sqrt{m}\, \omega q'$ より，$q' = (\sqrt{2C_2}/\sqrt{m}\omega) \sin(\omega t + \delta)$．右辺の係数を長さの次元をもつ定数 A とおくと

$$q' = A \sin(\omega t + \delta), \quad A = \frac{\sqrt{2C_2}}{\sqrt{m}\,\omega}, \quad \sqrt{2C_2} = \sqrt{m}\,\omega A$$

また

$$p' = \sqrt{2C_2}\sqrt{m} \cos(\omega t + \delta) = m\omega A \cos(\omega t + \delta) = m\dot{q}'$$

と求められる．

[3] 第2章の演習問題[2]より，ラグランジアンは次のようにしておけば与式が得られる．

$$L = \left(\frac{1}{2} m\dot{q}^2 - \frac{1}{2} m\omega^2 q^2\right) e^{2\mu t}$$

一般化運動量は $p = \partial L/\partial \dot{q} = m\dot{q} e^{2\mu t}$, ハミルトニアンは $H = p\dot{q} - L = (1/2m) p^2 e^{-2\mu t} + (1/2) m\omega^2 q^2 e^{2\mu t}$ と求まる．正準変換 II を用いて，(4.31) から

$$Q = qe^{\mu t}, \quad p = Pe^{\mu t}, \quad \mathscr{H}(Q, P, t) = \frac{1}{2m} P^2 + \frac{1}{2} m\omega^2 Q^2 + \mu Q P$$

（1） Q, P に関するハミルトンの正準方程式は

$$\dot{Q} = \frac{\partial \mathscr{H}}{\partial P} = \frac{1}{m} P + \mu Q, \quad \dot{P} = -\frac{\partial \mathscr{H}}{\partial Q} = -m\omega^2 Q - \mu P$$

となり，前式を時間で微分して後式を代入し，Q のみを含むように書き換えると，単振動の式 $\ddot{Q} + (\omega^2 - \mu^2) Q = 0$ を得る．

（2）（i） $\omega^2 - \mu^2 = \Omega^2 > 0$ のとき，$Q = A \cos(\Omega t + \delta)$, $q = e^{-\mu t} A \cos(\Omega t + \delta)$．

（ii） $\omega^2 - \mu^2 = 0$ のとき，$Q = At + B$, $q = e^{-\mu t}(At + B)$．

（iii） $\omega^2 - \mu^2 = -\Omega^2 < 0$ のとき，$Q = Ae^{\Omega t} + Be^{-\Omega t}$, $q = e^{-\mu t}(Ae^{\Omega t} + Be^{-\Omega t})$．

[4] W は正準変換 III の母関数に相当し，(4.24) により $q_i = -\partial W/\partial p_i$, $P_i = -\partial W/\partial Q_i$．$\{q_i\}$ を求めると

第 4 章　141

$$\begin{pmatrix} x \\ y \\ z \end{pmatrix} = r \begin{pmatrix} \sin\theta\cos\phi \\ \sin\theta\sin\phi \\ \cos\theta \end{pmatrix} \tag{a}$$

となり，(1.13)に一致する．また $\{P_i\}$ は次のように求まる．

$$\begin{pmatrix} P_r \\ P_\theta \\ P_\phi \end{pmatrix} = \begin{pmatrix} \sin\theta\cos\phi & \sin\theta\sin\phi & \cos\theta \\ r\cos\theta\cos\phi & r\cos\theta\sin\phi & -r\sin\theta \\ -r\sin\theta\sin\phi & r\sin\theta\cos\phi & 0 \end{pmatrix} \begin{pmatrix} p_x \\ p_y \\ p_z \end{pmatrix} \tag{b}$$

これがデカルト座標と極座標の間の正しい変換になっていることを検証するには，ラグランジアン $L = (1/2)m(\dot{x}^2 + \dot{y}^2 + \dot{z}^2) - U(x, y, z)$ に対して $P_i = \partial\mathscr{L}/\partial\dot{Q}_i = \sum_j (\partial L/\partial \dot{q}_j)(\partial \dot{q}_j/\partial \dot{Q}_i)$ となり，(a)から求まる

$$\begin{pmatrix} \dot{x} \\ \dot{y} \\ \dot{z} \end{pmatrix} = \begin{pmatrix} \sin\theta\cos\phi & \cos\theta\cos\phi & -\sin\phi \\ \sin\theta\sin\phi & \cos\theta\sin\phi & \cos\phi \\ \cos\theta & -\sin\theta & 0 \end{pmatrix} \begin{pmatrix} \dot{r} \\ r\dot{\theta} \\ r\dot{\phi}\sin\theta \end{pmatrix}$$

を用いて P_i を計算すると

$$P_r = \frac{\partial \mathscr{L}}{\partial \dot{r}} = p_x \sin\theta\cos\phi + p_y \sin\theta\sin\phi + p_z \cos\theta$$

$$P_\theta = \frac{\partial \mathscr{L}}{\partial \dot{\theta}} = p_x r \cos\theta\cos\phi + p_y r \cos\theta\sin\phi - p_z r \sin\theta$$

$$P_\phi = \frac{\partial \mathscr{L}}{\partial \dot{\phi}} = -p_x r \sin\theta\sin\phi + p_y r \sin\theta\cos\phi$$

上に求まった(b)はこれらに等しくなるので，したがって題意が示された．

[**5**]　(1)　正準変換Iにおける (4.26 a), (4.26 b) から

$$\frac{\partial P_j}{\partial q_i} = -\frac{\partial}{\partial q_i}\left(-\frac{\partial}{\partial Q_j}W(\{q_i\}, \{Q_i\}, t)\right) = -\frac{\partial}{\partial Q_j}\frac{\partial}{\partial q_i}W(\{q_i\}, \{Q_i\}, t)$$

$$= -\frac{\partial p_i}{\partial Q_j}$$

(2)　正準変換IIにおける (4.31 a), (4.31 b) から

$$\frac{\partial Q_j}{\partial q_i} = \frac{\partial}{\partial q_i}\frac{\partial}{\partial P_j}W(\{q_i\}, \{P_i\}, t) = \frac{\partial}{\partial P_j}\frac{\partial}{\partial q_i}W(\{q_i\}, \{P_i\}, t)$$

$$= \frac{\partial p_i}{\partial P_j}$$

同様にして，正準変換の母関数 (4.29 c), (4.29 d) を用いた正準変換III, IVの力学変数の間の関係（表 4.1）を用いれば，(3), (4) が示される．

[**6**]　(4.14)のヤコビアンは次の行列式を意味する．

$$\frac{\partial(\{Q_i\}, \{P_i\})}{\partial(\{q_i\}, \{p_i\})} = \begin{vmatrix} \frac{\partial Q_1}{\partial q_1} & \cdots & \frac{\partial Q_n}{\partial q_1} & \frac{\partial P_1}{\partial q_1} & \cdots & \frac{\partial P_n}{\partial q_1} \\ \vdots & \vdots & \vdots & \vdots & \vdots & \vdots \\ \frac{\partial Q_1}{\partial q_n} & \cdots & \frac{\partial Q_n}{\partial q_n} & \frac{\partial P_1}{\partial q_n} & \cdots & \frac{\partial P_n}{\partial q_n} \\ \frac{\partial Q_1}{\partial p_1} & \cdots & \frac{\partial Q_n}{\partial p_1} & \frac{\partial P_1}{\partial p_1} & \cdots & \frac{\partial P_n}{\partial p_1} \\ \vdots & \vdots & \vdots & \vdots & \vdots & \vdots \\ \frac{\partial Q_1}{\partial p_n} & \cdots & \frac{\partial Q_n}{\partial p_n} & \frac{\partial P_1}{\partial p_n} & \cdots & \frac{\partial P_n}{\partial p_n} \end{vmatrix} \quad \text{(a)}$$

ヤコビアンは次の式を満たす．

$$\frac{\partial(\{Q_i\}, \{P_i\})}{\partial(\{q_i\}, \{p_i\})} = \frac{\dfrac{\partial(\{Q_i\}, \{P_i\})}{\partial(\{q_i\}, \{P_i\})}}{\dfrac{\partial(\{q_i\}, \{p_i\})}{\partial(\{q_i\}, \{P_i\})}} \quad ; \text{ 割り算}$$

$$\frac{\partial(\{Q_i\}, \{P_i\})}{\partial(\{q_i\}, \{P_i\})} = \frac{\partial(\{Q_i\})}{\partial(\{q_i\})}$$

$$\frac{\partial(\{q_i\}, \{p_i\})}{\partial(\{q_i\}, \{P_i\})} = \frac{\partial(\{p_i\})}{\partial(\{P_i\})} \quad ; \text{ 約分}$$

したがって (a) は

$$\frac{\partial(\{Q_i\}, \{P_i\})}{\partial(\{q_i\}, \{p_i\})} = \frac{\dfrac{\partial(\{Q_i\})}{\partial(\{q_i\})}}{\dfrac{\partial(\{p_i\})}{\partial(\{P_i\})}} \quad \text{(b)}$$

となる．ここで (b) の右辺で，分子のヤコビアンの (m, n) 要素は $\partial Q_n/\partial q_m$，分母の (m, n) 要素は $\partial p_n/\partial P_m = \partial Q_m/\partial q_n$（前問 [5] の (2)）$= \partial Q_n/\partial q_m$（行列式の反転対称）となり，与えられたヤコビアンは 1 となる．

[7] $\qquad [F, G]_{qp} = \sum_i \left(\dfrac{\partial F}{\partial q_i} \dfrac{\partial G}{\partial p_i} - \dfrac{\partial F}{\partial p_i} \dfrac{\partial G}{\partial q_i} \right)$

を

$$F = F(\{q_i\}, \{p_i\}, t)$$
$$= F(\{Q_i\}, \{P_i\}, t)$$
$$Q_i = Q_i(\{q_i\}, \{p_i\}, t)$$

等に留意して計算していく．

$$\frac{\partial F}{\partial q_i} = \sum_j \left(\frac{\partial F}{\partial Q_j} \frac{\partial Q_j}{\partial q_i} + \frac{\partial F}{\partial P_j} \frac{\partial P_j}{\partial q_i} \right)$$

等と書き下してまとめると次の式が得られる．

$$[F, G]_{qp} = \sum_j \sum_k \left\{ \frac{\partial F}{\partial Q_j} \frac{\partial G}{\partial Q_k} [Q_j, Q_k]_{qp} + \frac{\partial F}{\partial Q_j} \frac{\partial G}{\partial P_k} [Q_j, P_k]_{qp} \right.$$
$$\left. + \frac{\partial F}{\partial P_j} \frac{\partial G}{\partial Q_k} [P_j, Q_k]_{qp} + \frac{\partial F}{\partial P_j} \frac{\partial G}{\partial P_k} [P_j, P_k]_{qp} \right\}$$
$$= [F, G]_{QP}$$

ここで (4.48) を用いた.

[8] （1） $[Q_i, Q_j]_{qp} = \sum_{k=1}^{3N} \left(\frac{\partial Q_i}{\partial q_k} \frac{\partial Q_j}{\partial p_k} - \frac{\partial Q_i}{\partial p_k} \frac{\partial Q_j}{\partial q_k} \right)$

表 4.1 より，II 型の正準変換を用いると，カッコ内第 1 項は，

$$\frac{\partial Q_i}{\partial q_k} = \frac{\partial}{\partial q_k} \frac{\partial}{\partial P_i} W = \frac{\partial}{\partial P_i} \frac{\partial}{\partial q_k} W = \frac{\partial p_k}{\partial P_i}$$

第 2 項で IV 型の場合を用いると

$$\frac{\partial Q_i}{\partial p_k} = \frac{\partial}{\partial P_i} \frac{\partial}{\partial p_k} W = -\frac{\partial q_k}{\partial P_i}$$

この 2 つを上式へ代入すると

$$[Q_i, Q_j]_{qp} = \sum_{k=1}^{3N} \left(\frac{\partial p_k}{\partial P_i} \frac{\partial Q_j}{\partial p_k} + \frac{\partial q_k}{\partial P_i} \frac{\partial Q_j}{\partial q_k} \right) = \frac{\partial Q_j}{\partial P_i}$$

これは独立変数の間の偏微分なのでゼロである.

$$\therefore \quad [Q_i, Q_j]_{qp} = 0$$

（2） $[P_i, P_j]_{qp} = 0$ も同様にして示せる.

（3） $[Q_i, P_j]_{qp} = \sum_k \left(\frac{\partial Q_i}{\partial q_k} \frac{\partial P_j}{\partial p_k} - \frac{\partial Q_i}{\partial p_k} \frac{\partial P_j}{\partial q_k} \right)$

I 型から $\dfrac{\partial P_j}{\partial q_k} = -\dfrac{\partial}{\partial Q_j} \dfrac{\partial}{\partial q_k} W = -\dfrac{\partial p_k}{\partial Q_j}$ → 第 2 項へ

III 型から $\dfrac{\partial P_j}{\partial p_k} = -\dfrac{\partial}{\partial Q_j} \dfrac{\partial}{\partial p_k} W = \dfrac{\partial q_k}{\partial Q_j}$ → 第 1 項へ

$$[Q_i, P_j]_{qp} = \sum_k \left(\frac{\partial Q_i}{\partial q_k} \frac{\partial q_k}{\partial Q_j} + \frac{\partial Q_i}{\partial p_k} \frac{\partial p_k}{\partial Q_j} \right) = \frac{\partial Q_i}{\partial Q_j} = \delta_{ij}$$

第 5 章

[1] ハミルトニアンを $H = (1/2m)(p_x^2 + p_z^2) + mgz$ とする．母関数の時間に陽に依存しない S (5.4) を求めることから始める．S を求める式は，(5.10 b) の $p_i = \partial S/\partial q_i$ を H へ代入して

$$\frac{1}{2m}\left\{ \left(\frac{\partial S}{\partial x}\right)^2 + \left(\frac{\partial S}{\partial z}\right)^2 \right\} + mgz = E (= \alpha_1 = 定数)$$

$S(x, \alpha_2, z, \alpha_3) = X(x, \alpha_2) + Z(z, \alpha_3)$ とおくと
$$\frac{1}{2m}\left(\frac{\partial X}{\partial x}\right)^2 = -\frac{1}{2m}\left(\frac{\partial Z}{\partial z}\right)^2 - mgz + E$$
この式の左辺は x のみの, 右辺は x には独立の (z のみの) 関数なので, まず左辺から
$$\frac{\partial X}{\partial x} = 一定 = \alpha_2, \qquad X(x, \alpha_2) = \alpha_2 x + 定数$$
一方, 右辺からは
$$-\frac{1}{2m}\left(\frac{\partial Z}{\partial z}\right)^2 - mgz + E = \frac{1}{2m}\alpha_2^2 \tag{a}$$
より
$$Z(z, \alpha_3) = \pm \int \sqrt{2m(E - mgz) - \alpha_2^2}\, dz = Z(z, \alpha_1 = E, \alpha_2) + 定数$$
となり, α_3 は独立な定数ではなくなる. これは (a) の関係を使ったためである.
$$Z = \mp \frac{1}{3m^2 g}[2m(E - mgz) - \alpha_2^2]^{3/2} + 定数$$
ゆえに
$$S = \alpha_2 x \mp \frac{1}{3m^2 g}[2m(E - mgz) - \alpha_2^2]^{3/2} + 定数$$
と求まる. (5.10 a) より
$$\beta_1 = -t \mp \frac{1}{mg}\sqrt{2m(E - mgz) - \alpha_2^2}$$
t を移項して両辺を 2 乗すると
$$z = -\frac{1}{2}gt^2 - \beta_1 gt + \frac{1}{2m^2 g}\{2mE - \alpha_2^2 - (mg)^2\beta_1^2\}$$
となり,
$$z = -\frac{1}{2}gt^2 + v_{0z}t + z_0$$
の形にまとめられる. 同様に
$$\beta_2 = x \pm \frac{\alpha_2}{m^2 g}\sqrt{2m(E - mgz) - \alpha_2^2} = x \mp \frac{\alpha_2}{m}(t + \beta_1)$$
から $x = v_{0x}t + x_0$ となる. 運動量は, (5.10 b) より
$$p_x = \frac{\partial X}{\partial x} = \alpha_2, \qquad p_z = \frac{\partial Z}{\partial z} = \pm \sqrt{2m(E - mgz) - \alpha_2^2}$$

[2] 一般化運動量 p は $p = \partial L(q, \dot{q}, t)/\partial \dot{q}$ で, ラグランジアン L はエネルギーの次元をもつので, $\left[\int p\, dq\right]$ = [energy. time] = ML^2T^{-1}. これはプランク定数 h と同じ次元である.

[3] 遠心力とクーロン引力のつり合いは
$$\frac{mv^2}{r} = \frac{1}{4\pi\varepsilon_0}\frac{e^2}{r^2}$$
となるので，運動エネルギーは
$$T = \frac{1}{2}mv^2 = \frac{1}{8\pi\varepsilon_0}\frac{e^2}{r}$$
ポテンシャルエネルギーは
$$U_\mathrm{C} = -\frac{1}{4\pi\varepsilon_0}\frac{e^2}{r}$$
ゆえに，全力学的エネルギーは
$$E(r) = -\frac{1}{4\pi\varepsilon_0}\frac{e^2}{2r}$$
これらのエネルギーの関係は図 5.2 に示されている．

[4] 電子の動径方向の加速度は，運動方程式
$$ma = -\frac{1}{4\pi\varepsilon_0}\frac{e^2}{r^2}$$
より求まる．軌道半径が r のときの電子のもつエネルギー E は (5.21) で与えられるので，$a = a(r)$ に注意して
$$dt = \left(-\frac{2}{3}\frac{e^2}{4\pi\varepsilon_0}\frac{a^2}{c^3}\right)^{-1} dE = -\frac{3}{4}\left(\frac{4\pi\varepsilon_0}{e^2}\right)^2 m^2 c^3 r^2 dr$$
ボーア半径 a_0 から落ち込むまでの時間を t として a_0 から 0 まで積分すると
$$t = \frac{1}{4}\left[\frac{\left(4\pi\varepsilon_0\frac{\hbar^2}{me^2}\right)^5}{\left(\frac{\hbar}{mc}\right)^4}\right]\frac{1}{c} = \frac{1}{4}\left(\frac{a_0}{\lambda}\right)^4 \frac{a_0}{c} = 1.56\times 10^{-11}\,\mathrm{s}$$
と求まる．$\lambda = \hbar/mc = 3.86\times 10^{-13}\,\mathrm{m}$ は電子のコンプトン波長とよばれる．

[5] (4.29 a) の正準変換 I 型の母関数 $W = W(\{q_i\}, \{Q_i\}, t)$ で $q_i \to q_i + \delta q_i$, $Q_i \to Q_i + \delta Q_i$ に対する W の変分を δW とし，(4.26 a)，(4.26 b) を用いると
$$\delta W = \sum_k \frac{\partial W}{\partial q_k}\delta q_k + \sum_k \frac{\partial W}{\partial Q_k}\delta Q_k = \sum_k p_k\,\delta q_k - \sum_k P_k\,\delta Q_k$$
この両辺を位相空間の閉曲線に沿って一周りする線積分を行うと，左辺は $W(\{q_i\} = \{a_i\}) - W(\{q_i\} = \{a_i\}) = 0$ のようになるので，$\oint \sum_k p_k\,dq_k = \oint \sum_k P_k\,dQ_k$ が成り立つ．

[6] (5.34) より
$$E_{n'} = E_1 + h\nu_{n'1} = -13.6\,\mathrm{eV} + \frac{2\pi\hbar c}{\lambda_{n'1}} = -13.6\,\mathrm{eV} + \frac{2\pi\times 197\,\mathrm{MeV\cdot fm}}{\lambda_{n'1}}$$
波長を代入して，$E_2 = -3.39\,\mathrm{eV}$, $E_3 = -1.51$, $E_4 = -0.85$ と求まる．これ

らのエネルギー準位は図5.6に示されている．

第 6 章

[1] q の正の向きに進行する波動関数 $y(q, t) = Ce^{i(kq-\omega t)}$ に運動量演算子 $\hat{p} = \pm i\hbar(\partial/\partial q)$ を演算すると，

$$\hat{p}y = \pm i\hbar \frac{\partial}{\partial q} Ce^{i(kq-\omega t)} = \mp \hbar k y = \mp py$$

となり，負符号の場合に正の運動量（固有値）p を与える方程式となるので，$\hat{p} = -i\hbar(\partial/\partial q)$ を採用する．

[2] 電子の静止質量を m_0, 速さを v, 運動量を p, エネルギーを E, ド・ブロイ波長を λ, 振動数を ν とする．アインシュタインの光量子仮説を電子の物質波に適用した場合の電子のド・ブロイ波のエネルギーと運動量は $E = h\nu$, $p = h/\lambda$ と表される．一方，相対論的効果を考慮したエネルギーと運動量は，$E = mc^2 = m_0 c^2/\sqrt{1-(v/c)^2}$, $p = mv = m_0 v/\sqrt{1-(v/c)^2}$, 振動数と波長を求めると $\nu = E/h = m_0 c^2/h\sqrt{1-(v/c)^2}$, $\lambda = h/p = h\sqrt{1-(v/c)^2}/m_0 v$. これより位相速度を求めると，(6.6) より $u = \nu\lambda = c^2/v$ となり，電子の速さ v は光速を超えないから位相速度は光速より速くなる．一方，群速度は，上のド・ブロイ波のエネルギーと運動量の関係を用いて，(6.9) より

$$v_g = \frac{\partial \omega}{\partial k} = \frac{\partial(2\pi\nu)}{\partial(2\pi/\lambda)} = \frac{\partial(2\pi h\nu)}{\partial(2\pi h/\lambda)} = \frac{\partial E}{\partial p} = \frac{\partial E/\partial v}{\partial p/\partial v}$$

上の E, p を v で偏微分した結果をここに代入して v となることが示され，群速度は電子の速さに等しくなる．

[3] シュレーディンガー方程式 (6.37) の $i\hbar \partial \Psi(q, t)/\partial t = H(q, p, t)\Psi(q, t)$ に $\Psi(q, t) = e^{iW(q,q,t)/\hbar}$ を代入すると，左辺 $= -(\partial W/\partial t)e^{iW/\hbar}$, 右辺 $= H(q, \partial W/\partial q, t)e^{iW/\hbar}$, ここで (5.2b) を用いた．両辺を等しくおくと，$\partial W/\partial t + H(q, \partial W/\partial q, t) = 0$. これはハミルトン‐ヤコビの偏微分方程式である．

[4] $\dfrac{\partial \Psi}{\partial t} = \dfrac{i}{\hbar}\dfrac{\partial W}{\partial t} e^{iW/\hbar}$, $\dfrac{\partial^2 \Psi}{\partial q^2} = \left[\dfrac{i}{\hbar}\dfrac{\partial^2 W}{\partial q^2} - \dfrac{1}{\hbar^2}\left(\dfrac{\partial W}{\partial q}\right)^2\right]e^{iW/\hbar}$

をシュレーディンガー方程式に代入して整理すると，

$$\frac{\partial W}{\partial t} + \left[\frac{1}{2m}\left(\frac{\partial W}{\partial q}\right)^2 + V(q)\right] = \frac{i\hbar}{2m}\frac{\partial^2 W}{\partial q^2}$$

右辺で $\hbar \to 0$ とし，左辺の括弧内は (5.2b) に注意するとハミルトニアンに相当するので，$\partial W/\partial t + H(q, \partial W/\partial q) = 0$ となり，ハミルトン‐ヤコビの偏微分方程式に帰着する．

[5] (6.26) で $K = \hbar/i$ とおくと，$W = K \ln\{e^{-Et/K}\psi(q)\} = (\hbar/i) \ln\{\Psi(q, t)\}$ として波動関数は $\Psi(q, t) = e^{-iEt/\hbar}\psi(q)$ と定常な解の形が設定できる．しかし求めるべきシュレーディンガー方程式は，(6.34) で $K = \hbar/i$ とおくと，運動エネルギー演算子の符号がプラスの式が得られ，正しいシュレーディンガー方程式の形にならない．H が時間を含まない場合の方程式と（定常状態の）波動関数は，同一の次元定数（$K = \hbar$ または $K = \hbar/i$）で同時に求めることはできない．まずシュレーディンガー方程式を正しく求め，その方程式から波動関数のもつべき正しい解を求めることになる．

[6] 質量 m，速さ v の粒子がポテンシャル V 内を運動量 $p = mv$ で運動すると，全力学的エネルギーは $E = (1/2)mv^2 + V$ で表される．ド・ブロイはこの運動を，

  (1) 運動量 p をもつ粒子の運動
  (2) 波長 λ，振動数 ν をもつ波動の伝播

の両方の概念でとらえることのできる関係式を導いた（1924 年のド・ブロイ学位論文）．ド・ブロイが物質波の認識に至る過程には，相対性理論における時間の相対性，物質内部での波動の振動数，光の位相速度といった波動力学の本質にかかわる基本的問題への取り組みがあった．その中から帰結された簡潔・珠玉の一つの結論が $p = h/\lambda$ であったといえよう．ここでは相対論的取扱いで書かれたド・ブロイの学位論文そのものの形ではなく，非相対論的に表す方法でこの関係式を導く．

アインシュタインのエネルギー量子の考え方 $E = h\nu$ に基づいて上の (1), (2) を結合させると，$(1/2)mv^2 + V = h\nu$．この両辺を波長 λ で偏微分して

$$mv \frac{\partial v}{\partial \lambda} = h \frac{\partial \nu}{\partial \lambda}$$

右辺に位相速度 u と振動数 ν との関係 $u = \nu\lambda$ と，[例題 6.1] で導いた位相速度と群速度 v_g の関係式 (a) を用いると

$$h \frac{\partial \nu}{\partial \lambda} = h\left(-\frac{u}{\lambda^2} + \frac{1}{\lambda}\frac{\partial u}{\partial \lambda}\right) = -\frac{h}{\lambda^2}\left(u - \lambda\frac{\partial u}{\partial \lambda}\right) = -\frac{h}{\lambda^2} v_g$$

となるので，これを上式の左辺に等しくおいて

$$m \frac{\partial v}{\partial \lambda} = -h \frac{v_g}{v}\frac{1}{\lambda^2}$$

粒子の速度 v を群速度 v_g と等しくおき λ で積分すると，次の結果を得る．

$$p = \frac{h}{\lambda}$$

あ と が き

　本書は，一見すれば他の「解析力学」の本と，あまり変っていない印象を受ける人もいたかも知れない．しかし，少し丁寧に目次を見たり，最後まで読み通した読者には，本書のねらいと特色がわかって頂けたのではないかと期待している．なぜこういう内容の本を書いたかについて記しておきたい．

　大学で力学，解析力学，量子力学を講義するなかで，解析力学が中途半端に終わっていることに，釈然としない思いが残った．正準変換に入った途端大部分の学生は，難しい，こんな変換が何に役立つの，という迷路に入り込んで，講義は終わってしまう．一方，本格的に量子力学を学ぶには，本来，それまでに学んだ（古典）力学とは質的に異なる飛躍が必要で，その前提となるところ（ハミルトニアン，量子の概念，前期量子論など）はすでに学んでいるとして講義が始まる．そのために，大部分の学生には，慣れるしかないのかという辛さ，非合理さがつきまとう．

　そこで，解析力学を学びながら力学の問題をスマートに解くことを楽しみ，解析力学の真髄である正準変換の果たした役割を，量子力学の誕生の道筋をたどりながら実感できるようにしたい，解析力学の側から量子力学への入口を眺める体験をし，本格的に量子力学を学ぶためのバックボーン造りをしておきたいと考えて，まえがきに書いたような4つの山場をもつ1本のストーリーを構想した．

　本書を最後まで読んで頂いた諸君には，小生の想いが通じたのではないかと期待しているが，どうであろうか．ご意見をお聞かせ頂きたい．

149

索 引

ア

アインシュタイン 106
　——のエネルギー
　　量子 119
　——化 114,115
　——の光量子 102

イ

1次元調和振動子 56,
　58,65,71,76,79,87,92
位相空間 58
　——(内)の軌跡 65,
　67,77,86,102,138
位相速度 110,111,112,
　125,146,147
一般化(された)運動量
　15,16,19,21,23,24,
　55,88,113,124,130
一般化(された)座標
　12,13,52,74,88,124
一般化(された)力
　17,18,19

ウ

ウー 108
運動エネルギー 15,21,
　59,129
　全—— 12
運動の恒量 24,64,95,
　123,139

運動の自由度 11,13
運動の第2法則 20,22,
　23
運動の内部(固有)自由度
　11
運動方程式 20
　荷電粒子の—— 47,
　48
　ニュートンの——
　15,20,22
　ハミルトンの——
　57
　ラグランジュの——
　23
　力学的物理量の(満た
　す)—— 62
運動量 15,20,88
　——演算子 113,
　125,146
　一般化(された)——
　15,16,19,21,23,24,
　55,88,113,124,130
　エネルギー——の
　　関係式 126
　角—— 16,26,130
　　——の量子化 99,
　　104
　——保存 27
　自由粒子の——の
　　保存 64
　抽象的な—— 88

エ

H が時間によらない場
　合のシュレーディンガ
　ー方程式 121
X線 105,106
　——スペクトル 98
　——の波長 107
　吸収,放射される——
　106
エネルギー運動量の
　関係式 126
エネルギー吸収 105
エネルギー固有値 104,
　122
エネルギー準位 146
　励起—— 103
エネルギー素量 103,
　106
エネルギーの量子化
　102
　アインシュタインの
　　—— 114,115
エネルギー保存則 108
エルミート性 116,117,
　123
演算子 113,114,122
遠心力 5,26,34,35,61
　——ポテンシャル
　62
　——エネルギー

27
円筒座標　9,19,129

オ

オイラー　20,28
　——角　31
　——の微分方程式　38
　——-ラグランジュの方程式　38

カ

解析力学　52,93,101,124
回転系　31,32,35
外力の3成分　12
外力の成分　17
角運動量　16,26,130
　——の量子化　99,104
　——保存　27,65
　軌道——　5,98,139
　　——の保存　96
角振動数　95,110
角速度　95
角変数　95
核子　103
　原子核内——　103
確率振幅　116
確率の保存　117
確率密度　116,127
　流れの——　116
仮想仕事の原理　41,42,43,52
仮想的な変位　42

加速度　2,8,19,128,129
　——の極座標成分　3
荷電粒子の運動方程式　47,48
カレント・フラックス（流れの確率密度）　116
ガンマ線　103
ガンマ崩壊　103
慣性　35
　——系　35
　非——　35
　——の結果現れる力　35
　——力　5,20,26,33,34,35,41,42,61

キ

規格化　123
軌跡　58
　——の交差　73
　——の進む速さ　58,65
　——の進む向き　58
　位相空間（内）の——　65,67,77,86,102,138
軌道遷移に関する仮説　105
軌道半径　97,98,104
期待値　123
基底状態　97,98
球座標（3次元極座標）　2,5
球面の面積素　8

吸収，放射されるX線　106
強制振動　50
共鳴振動　132
行列力学　121
極座標　2
　——系　3
　——の3軸　5
　3次元——　2,5
　加速度の——成分　3
　速度vの——成分　3
極値　36,37,39
　——となる経路　39

ク

クォーク間力　51
クライン-ゴルドン方程式　126,127
クロネッカーのデルタ　63
組合せ自由な対称性　80
群速度　111,112,125,146,147

ケ

撃力　49
ゲージ変換　83
ケプラー運動　99
原子核　103,108
　——内核子　103
減衰振動　87

コ

交換関係　122,124,125
交換子　122,124

交換則 66, 122
　反—— 66
光量子（photon） 106
　アインシュタインの
　　—— 102
黒体放射 102
古典的現象 103
小林澈郎 127
固有エネルギー 104
コリオリ力 33, 35

サ

3元数 66
3次元極座標（球座標）
　2, 5
　——によるハミルト
　　ニアン 59, 60
3重対 66
サイクロイド 131
最小作用の原理 38, 39,
　52, 66
最短経路 49
最短時間 49
座標 88
　一般化（された）——
　　12, 13, 52, 74, 88, 124
　円筒—— 9, 19, 129
　球—— 2, 5
　極—— 2
　循環—— 24, 27, 94
　抽象的な—— 88
　直交曲線—— 9, 10
　直交直線—— 1
　デカルト—— 1, 12
作用（積分） 38, 45, 119,
　135
　——の変分原理
　　44, 45
作用の次元 119
作用変数 95, 96, 98,
　99, 101, 102
　——の次元 107
　——の保存 96
作用量子 95

シ

時間に依存 55
時間に陽に依存 15, 16,
　23
時間を含むシュレーディ
　ンガー方程式 115,
　120
時間を陽に含むハミルト
　ニアンの演算子 120
次元定数 119, 121, 126
実数対 66
質量 20
周期 110
自由落下の運動 24
自由粒子の運動量の保存
　64
シュレーディンガー 53
　66, 88, 112, 117, 119,
　122, 127
　——の方法 124
　——方程式 113,
　114, 115, 118, 120,
　126, 146
　H が時間によらな
　　い場合の——
　　121
循環座標 24, 27, 94
状態密度 73
振動数 110
　角—— 95, 110

ス

水素原子 93, 95, 97,
　103, 106, 107, 108, 109
　——模型 96, 98
スカラーポテンシャル
　46

セ

正準共役変数 15, 16,
　79, 101
正準不変量 84, 102, 107
正準変換 75, 76, 79, 80,
　82, 85, 88, 120
　——であるための
　　必要十分条件 86
　——不変性 86, 87
　連続的—— 86
静的力学系 42
静力学的 41
接ベクトル 9
遷移 105
　軌道——に関する
　　仮説 105
　電子の—— 105, 106
全運動エネルギー 12
全力学的エネルギー
　56, 114, 115
　——の保存 57, 64
前期量子論 101

索引

線素(微小変位) 7, 19, 128

ソ

相対論的ハミルトニアン 127
速度 1, 8, 19, 129
　——v の極座標成分 3
　位相—— 110, 111, 112, 125, 146, 147
　角—— 95
　群—— 111, 112, 125, 146, 147
束縛エネルギー 104
　電子の—— 97
束縛(拘束)条件 13
　ホロノミックな—— 13
　非—— 14
素量(量子) 102, 106
　エネルギー—— 103, 106
ゾンマーフェルト 99

タ

対称(な形) 74, 75
　組合せ自由な——性 80
体積素 8, 10, 11
代表点 73, 86
　——の数(力学的状態数) 73
ダランベール 52
　——の原理 41, 42, 52

単位ベクトルの変換式 128
単色光 111

チ

力のモーメント 18, 130
チャドウィック 108
抽象的な運動量 88
抽象的な座標 88
中心力 5, 7, 18, 65
超体積 73
　微小—— 72
調和振動子 25, 88
直交曲線座標 9, 10
直交直線座標 1

テ

定常状態 98, 103, 104, 105, 121
　——の波動関数 120
定常波 100
ディラック 127
　——の h 122
デカルト 20
　——座標 1, 12
　——系 5
停留点 38, 118
電荷の保存 108
電磁エネルギーの放射 107
電磁気力 23
電子のエネルギー放射率 107
電子のコンプトン波長 145

電子の遷移 105, 106
電子の相対論的量子力学の波動方程式 127
電子の束縛エネルギー 97
電磁場のハミルトニアン 56, 82, 135
電磁場のポテンシャル 47
　——エネルギー 45
電磁場のラグランジアン 47
天体力学 66
天頂角 5
　——成分 99

ト

ド・ブロイ 66, 100, 147
　——の関係式 126
　——の式 111
　——の物質波 113, 119
トンネル効果 138
動径成分 99
動的状態 36
動的力学状態 41, 42
動力学的 41
特殊相対性理論 126
独立変数 11, 12, 13, 53, 54, 80
土佐幸子 127

ナ

流れの確率密度 (カレント・フラックス)

116
流れの連続性
 （流量保存則）116

ニ

2元数 66
2次形式 55
ニュートリノ 108
 ——仮説 108
ニュートン 20
 ——の運動の法則 15
 ——の運動方程式 15, 20, 22

ハ

配位空間 57
ハイゼンベルク 121
 ——の方程式 121, 122
パウリ 108
 ——の仮説 108
ハミルトニアン 54, 59, 64, 114, 126
 3次元極座標による—— 59, 60
 時間を陽に含む——の演算子 120
 相対論的—— 127
 電磁場の—— 56, 82, 135
 量子力学の—— 114
ハミルトン 65, 88, 101
 ——関数 54, 56
 ——形式 52, 66, 67

——の運動方程式 57
——の主関数 90, 93
——の正準方程式 57, 64, 65, 74, 75, 77, 86, 124, 135
——の変分原理 38, 87
——-ヤコビの偏微分方程式 66, 90, 92, 101, 102, 107, 117, 119, 120, 126, 146
パリティの保存則 108
パリティの破れ 108
バルマー系列 107
波数 111
波束 111
 ——の進む速さ 111
 ——の伝播 111
波長 110
 電子のコンプトン—— 145
 物質波の—— 111
波動 110
 ——関数 113, 115, 122
 ——Ψの解釈 116
 ——の解釈 127
 定常状態の—— 120
 ——性 100
 ——の伝播 113
 ——方程式 109, 112

電子の相対論的量子力学の—— 127
量子力学の基本的—— 113
汎関数 21, 37
反交換則 66

ヒ

光 106
 ——の経路 39, 66
 ——の湾曲 126
非慣性系 35
微視的世界 101, 105
微小超体積 72
微小変位（線素）7, 19, 128
非相対論的量子力学の基礎方程式 119
非保存力 23
非ホロノミックな束縛条件 14
広重 徹 20

フ

複素共役 115, 123
物質波 100, 147
 ——の伝播 100
 ——の波長 111
 ド・ブロイの—— 113, 119
物理量 36
プランク 95
 ——定数 h 100, 102, 144
プリンキピア 20, 66

154 索引

ヘ

平面波　116
ベータ崩壊　108
ベクトル　66
　——Aの成分　7
　——ポテンシャル　46
　接——　9
ベルヌーイ　20
変換関係　74
変分　37,135,139
　——原理　38,41,45,52,77,87,117,118,119,135
　作用積分の——　44,45
　ハミルトンの——　38,87

ホ

ボーア　96,98,105,108
　——-ゾンマーフェルトの量子化条件　100
　——の仮説　98,103
　——の警告　108
　——の模型　107
　——の量子化条件　99
　——半径　97,99,107
ポアッソン括弧(式)　63,71,84,86,87,122,124,125
ポテンシャルエネルギー　6,18,34
　遠心力——　27
　電磁場の——　45
ホロノミックな束縛条件　13
　非——　14
方位角　5
　——成分　99
放射　105
　——エネルギー　105
　黒体——　102
　電磁エネルギーの——　107
放物線運動　107
母関数　80,82,93,126
保存　5
　——量　64
　——力　18,19
　非——　23

マ

摩擦力　65

ミ

見かけ上存在する力　42
見かけの力　35

ム

ムーア　127

メ

面積素　10,11
　球面の——　8

ヤ

ヤコビ　66
　——行列式　11
ヤコビアン　11,69,71,141
ヤン　108

ヨ

4元数　66
　——講議　66
4重対　66
揺動　38
弱い相互作用　108

ラ

ライプニッツ　20
ラグランジアン　23,24
　——は一意的ではない　48
　電磁場の——　47
ラグランジュ　52,88,101
　——形式　52,66,67
　——の(運動)方程式　23
　オイラー-——　38

リ

リー　108
力学的状態　73
　——数（代表点の数）　73
力学的物理量　62,102
　——の(満たす)運動

　　　　方程式　62
力学変数　62, 74, 88
立体角　8
リウヴィルの定理　68,
　71, 72, 86, 87
粒子性　100
流量保存則
　（流れの連続性）　116
量子(素量)　106
　――化　101, 113, 127
　――条件　98, 99,
　102
　　エネルギーの――
　　102
　　角運動量の――
　　99, 104

　――現象　101, 103
　――の世界　127
　――のゆらぎ　101
　光――　106
　前期――論　101
　作用――　95
量子力学　53, 67, 88,
　93, 98, 101, 106, 111,
　113, 114, 119, 138
　――の基本的波動方
　　程式　113
　――の行列表現　124
　――の世界　108, 127
　――のハミルトニア
　　ン　114
　非相対論的――の

索　　引　155

　基礎方程式　119

レ

励起エネルギー準位
　103
連続的正準変換　86
連続の式　115, 126

ロ

ローレンツ力　45, 65,
　136

ワ

ワイスコップ　108

著者略歴

1936年 熊本県出身．1969年 東京工業大学大学院理学研究科博士課程修了．東京大学原子核研究所助手，東京大学理学部助手，東京都立大学理学部助教授，教授，東京都立航空工業高等専門学校長を経て，現在 東京都立大学名誉教授．マックス・プランク（ハイデルベルグ），オックスフォード大学原子核，テキサスA＆M大学サイクロトロン各研究所，他に滞在．専門は原子核理論物理学．理学博士．

主な著書：「スピンと偏極」（培風館，共著），「科学英語論文のすべて」（丸善，共著），「現代物理学の世界 ― フロンティアを拓いた人びと」（岩波書店），他．

裳華房フィジックスライブラリー　解析力学

2001年11月30日	第 1 版 発行
2010年 6月30日	第 9 版 1 刷発行
2023年 2月20日	第 9 版 6 刷発行

検印省略

定価はカバーに表示してあります．

著作者　　久保謙一（くぼけんいち）
発行者　　吉野和浩
発行所　　〒102-0081
　　　　　東京都千代田区四番町8-1
　　　　　電話　03 - 3262 - 9166
　　　　　株式会社　裳華房
印刷所　　横山印刷株式会社
製本所　　牧製本印刷株式会社

増刷表示について
2009年4月より「増刷」表示を「版」から「刷」に変更いたしました．詳しい表示基準は弊社ホームページ
http://www.shokabo.co.jp/
をご覧ください．

一般社団法人
自然科学書協会会員

JCOPY〈出版者著作権管理機構 委託出版物〉
本書の無断複製は著作権法上での例外を除き禁じられています．複製される場合は，そのつど事前に，出版者著作権管理機構（電話03-5244-5088, FAX 03-5244-5089, e-mail: info@jcopy.or.jp）の許諾を得てください．

ISBN 978 - 4 - 7853 - 2205 - 2

©久保謙一，2001　Printed in Japan

本質から理解する 数学的手法

荒木　修・齋藤智彦 共著　Ａ５判／210頁／定価 2530円（税込）

大学理工系の初学年で学ぶ基礎数学について，「学ぶことにどんな意味があるのか」「何が重要か」「本質は何か」「何の役に立つのか」という問題意識を常に持って考えるためのヒントや解答を記した．話の流れを重視した「読み物」風のスタイルで，直感に訴えるような図や絵を多用した．

【主要目次】1．基本の「き」　2．テイラー展開　3．多変数・ベクトル関数の微分　4．線積分・面積分・体積積分　5．ベクトル場の発散と回転　6．フーリエ級数・変換とラプラス変換　7．微分方程式　8．行列と線形代数　9．群論の初歩

力学・電磁気学・熱力学のための 基礎数学

松下　貢 著　Ａ５判／242頁／定価 2640円（税込）

「力学」「電磁気学」「熱力学」に共通する道具としての数学を一冊にまとめ，豊富な問題と共に，直観的な理解を目指して懇切丁寧に解説．取り上げた題材には，通常の「物理数学」の書籍では省かれることの多い「微分」と「積分」，「行列と行列式」も含めた．

【主要目次】1．微分　2．積分　3．微分方程式　4．関数の微小変化と偏微分　5．ベクトルとその性質　6．スカラー場とベクトル場　7．ベクトル場の積分定理　8．行列と行列式

大学初年級でマスターしたい 物理と工学の ベーシック数学

河辺哲次 著　Ａ５判／284頁／定価 2970円（税込）

手を動かして修得できるよう具体的な計算に取り組む問題を豊富に盛り込んだ．

【主要目次】1．高等学校で学んだ数学の復習 ―活用できるツールは何でも使おう―　2．ベクトル ―現象をデッサンするツール―　3．微分 ―ローカルな変化をみる顕微鏡―　4．積分 ―グローバルな情報をみる望遠鏡―　5．微分方程式 ―数学モデルをつくるツール―　6．２階常微分方程式 ―振動現象を表現するツール―　7．偏微分方程式 ―時空現象を表現するツール―　8．行列 ―情報を整理・分析するツール―9．ベクトル解析 ―ベクトル場の現象を解析するツール―　10．フーリエ級数・フーリエ積分・フーリエ変換 ―周期的な現象を分析するツール―

物理数学　［物理学レクチャーコース］

橋爪洋一郎 著　Ａ５判／354頁／定価 3630円（税込）

物理学科向けの通年タイプの講義に対応したもので，数学に振り回されずに物理学の学習を進められるようになることを目指し，学んでいく中で読者が疑問に思うこと，躓きやすいポイントを懇切丁寧に解説している．また，物理学科の学生にも人工知能についての関心が高まってきていることから，最後に「確率の基本」の章を設けた．

【主要目次】0．数学の基本事項　1．微分法と級数展開　2．座標変換と多変数関数の微分積分　3．微分方程式の解法　4．ベクトルと行列　5．ベクトル解析　6．複素関数の基礎　7．積分変換の基礎　8．確率の基本

裳華房ホームページ　https://www.shokabo.co.jp/